◆ 快速换装

◆ 神奇变脸术

◆ 我和名人合个影

◆ 制作贺卡

◆ 打造夜景效果

◆ 制作艺术婚纱照

◆ 为人物更换背景

◆ 将人物图像应用于立体模型

◆ 快速上妆

◆ 去除皱纹

◆ 消除面部瑕疵

◆ 光滑面部

◆ 制作人物素描线

照片偏色的判断与纠正

快乐学电脑系列丛书

快乐学电脑——数码照片处理及技巧

甘登岱　主编

清华大学出版社

北　京

内 容 简 介

Photoshop 是图像处理和编辑软件中的佼佼者，被广泛应用于数码照片处理、广告设计、图形图像处理等领域。本书通过大量的实例介绍了数码照片处理技巧。全书按照 Photoshop 的功能划分为 9 章，主要内容包括数码照片的管理与 Photoshop CS3 入门、Photoshop CS3 的基础操作、调整数码照片的基本操作方法、用绘画与修饰工具修饰照片、利用 Photoshop 的色调与色彩功能处理照片的方法、Photoshop 的图层功能在数码照片处理中的应用、使用 Photoshop 的滤镜功能处理数码照片的方法及数码照片的合成与创意设计等。

本书附带一张精心开发的多媒体教学光盘，它采用了全程语音讲解、视频演练、图文对照等方式，紧密结合书中的内容对各知识点进行了深入浅出的讲解，使读者学习起来更加容易。

本书适用于 Photoshop 初、中级用户，可作为广大数码照片处理爱好者的自学手册，也可作为各大、中专院校相关专业的教材。

图书在版编目(CIP)数据

快乐学电脑——数码照片处理及技巧/甘登岱主编. —北京：清华大学出版社，2009.2
(快乐学电脑系列丛书)
ISBN 978-7-302-19059-2

Ⅰ. 快…　Ⅱ. 甘…　Ⅲ. 图形软件，Photoshop—基本知识　Ⅳ. TP391.41

中国版本图书馆 CIP 数据核字(2008)第 191357 号

责任编辑：章忆文　张丽娜
封面设计：山鹰工作室
版式设计：北京东方人华科技有限公司
责任校对：王　晖
责任印制：王秀菊

出版发行：清华大学出版社　　　　　　　　　地　　址：北京清华大学学研大厦 A 座
　　　　　http://www.tup.com.cn　　　　　邮　　编：100084
　　　社　总　机：010-62770175　　　　　邮　　购：010-62786544
　　　投稿与读者服务：010-62776969，c-service@tup.tsinghua.edu.cn
　　　质　量　反　馈：010-62772015，zhiliang@tup.tsinghua.edu.cn

印　刷　者：北京四季青印刷厂
装　订　者：北京市密云县京文制本装订厂
经　　销：全国新华书店
开　　本：185×260　印　张：21.25　插　页：1　字　数：512 千字
　　　　　附光盘 1 张
版　　次：2009 年 2 月第 1 版　　印　次：2009 年 2 月第 1 次印刷
印　　数：1～5000
定　　价：35.00 元

前　言

随着数码相机的逐渐普及，越来越多的人使用数码相机代替普通相机进行拍照。但是，大多数人并不知道如何解决数码照片中存在的曝光不足或过度、色彩偏差以及照片倾斜等问题。事实上，这些问题都可以利用 Photoshop 轻松搞定。通过学习本书的内容，你不仅可以学会修复数码照片的方法，还能掌握一些有趣的数码照片处理方法，例如，改变照片的季节、更换人物衣服的颜色和图案、改变人物脸型、更换人物发型等，甚至还可以将数码照片加工成国画、素描、油画等，对其进行更富有创意的设计操作。

本书共分为 9 章，各章主要内容如下。

- 第 1 章：主要介绍数码照片的导入与管理，认识和了解 Photoshop CS3 工作界面，其中应重点学习 Photoshop 的工作界面构成。
- 第 2 章：主要介绍 Photoshop CS3 的基础操作。
- 第 3 章：主要介绍数码照片的基本调整操作，例如倾斜照片的修正、照片裁切、改变照片大小，以及更换人物的衣服颜色、更换照片背景、照片合成等内容。
- 第 4 章：主要介绍利用 Photoshop 提供的绘画与修饰工具修饰数码照片。利用这些工具不但可以移除数码照片中的瑕疵，还能为其增添艺术效果。
- 第 5 章、第 6 章：主要介绍利用 Photoshop 的色调与色彩功能编辑数码照片。利用这些命令不仅可以校正照片的偏色、曝光不足或过度等问题，还可以对照片进行艺术化色彩处理。
- 第 7 章：主要介绍 Photoshop 强大的图层功能在数码照片处理中的应用。图层是 Photoshop 中一项非常重要的功能，我们对照片所作的任何编辑操作都是基于它产生的。因此，无论是修复照片，还是对照片进行艺术化处理，要想得到预想中的效果，就必须熟练掌握图层的功能。
- 第 8 章：主要介绍利用 Photoshop 的滤镜功能处理数码照片。
- 第 9 章：通过将一系列普通的数码照片相互合成，并进行一些特殊化处理，将它们加工成国画、油画、个性书签，以及制作成动画效果的照片相册等。

本书由金企鹅文化发展中心策划，甘登岱主编。参与本书编著的人员还有朱丽静、白冰、姜鹏、郭燕、常春英、张万芹等。如果在学习的过程中遇到困难和疑问，欢迎与我们联系。

E-mail：jqewh@163.com

网站：www.bjjqe.com

编　者

多媒体教学光盘的使用方法

(1) 读者可以用以下几种方法来运行多媒体教学光盘。

- 启动电脑进入操作系统，将光盘放入光驱，光盘会自动运行并播放片头影片。单击鼠标可跳过影片，进入多媒体教学光盘主界面。

- 如果将光盘放入光驱后，电脑没有反应，那是您的光驱没有设置成自动播放模式，为此，可首先单击"开始"按钮，选择"所有程序"→"附件"→"Windows 资源管理器"。

打开资源管理器，在左侧窗格中单击 ⊞ 🖥 我的电脑 图标，再单击光驱图标 💿 我的光盘 (I:)，打开光盘文件目录，在右侧窗口找到"Start"文件，双击便可运行该光盘(如果您的光驱读盘不畅，请将光盘中的内容全部复制到电脑上再播放)。

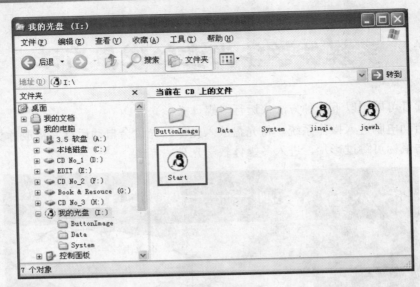

(2) 单击相关教程导航按钮，可以打开教学窗口。

(3) 教学窗口中控制面板中各播放控制按钮的功能说明如下。

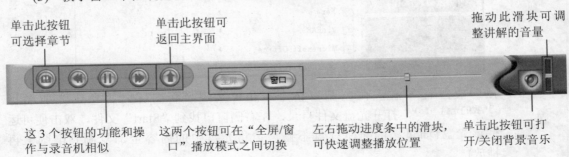

单击此按钮
可选择章节

单击此按钮可
返回主界面

拖动此滑块可调
整讲解的音量

这 3 个按钮的功能和操
作与录音机相似

这两个按钮可在"全屏/窗
口"播放模式之间切换

左右拖动进度条中的滑块，
可快速调整播放位置

单击此按钮可打
开/关闭背景音乐

目　录

快
乐
学
电
脑

第1章 数码照片的管理及 Photoshop CS3 入门

本章学习重点

- ☞ Photoshop CS3 与数码照片处理
- ☞ 将数码照片导入电脑的方法
- ☞ 用 Adobe Bridge 浏览照片
- ☞ 熟悉 Photoshop CS3 的工作界面

随着数码相机的普及，人们越来越喜欢在旅游、聚会等场合使用数码相机拍照留念。数码相机的存储空间非常有限，通常我们可以将数码照片导入到电脑中存储，以便对照片进行更多的管理。在本章中，我们将要学习数码照片的管理方法，以及了解 Photoshop 的工作界面构成。

1.1 Photoshop CS3 与数码照片的处理

Photoshop CS3 是 Adobe 公司推出的最新版本的图像处理软件，也是业内普及率最高的软件之一。Photoshop 拥有强大的图像修复与调整功能，在数码照片处理方面占有较强的优势，主要体现在如下几方面。

- **数码照片的基本编辑**：利用 Photoshop 的基本编辑功能，可以对数码照片进行裁剪、改变图像与画布大小、单独处理照片的部分区域，以及照片合成等编辑。

- **数码照片的修复与修饰**：利用 Photoshop 提供的"修复画笔工具"、"仿制图章工具"、"污点修复画笔工具"等工具，以及各种修复功能，可以快速去除照片中的瑕疵，使照片更加完美。

- **数码照片的色彩与色调调整**：Photoshop 提供了众多色彩与色调调整功能，这对于因拍摄技术或各种外界因素造成的照片偏色、曝光过度、逆光等现象，可以得到有效的矫正。此外，还可以对黑白照片进行上色处理等。

- **数码照片的艺术与特殊效果处理**：在 Photoshop 中，可以对数码照片进行艺术化处理，如制作婚纱照、个性电脑桌面、个人书签设计等。此外，利用 Photoshop 提供的滤镜功能可以对照片进行各种特殊效果处理。例如将数码照片加工成国画、油画、水彩画等效果。

1.2 将数码照片导入到电脑中的方法

当数码相机的存储空间已被占满时，如果不去数码照片冲印店冲印照片，通常我们会将照片直接传输到电脑中，以便对其进行保存、浏览、挑选以及后期处理等。

将数码照片导入到电脑中的方法有多种，这主要取决于数码相机存储卡的类型和电脑操作系统以及电脑配置的接口等因素。最常用的方法有 3 种：利用 USB 连接线直接将数码相机与电脑连接；用读卡器传输数码照片；使用 IrDA 红外线传输接口。

- **第 1 种**：利用 USB 连接线直接将数码相机与个人电脑进行连接。目前，几乎所有的数码相机都提供了 USB 接口，因此，利用 USB 连接线直接将数码相机与电脑连接即可。数码相机的存储卡与一般的移动硬盘、U 盘的性质相同，连接好后打开数码相机的电源开关，稍等片刻用户即可在"我的电脑"窗口中看到数码相机图标。双击该图标，即可打开相机的存储卡并从中找到保存照片的文件夹。此时，可将照片复制粘贴到电脑磁盘中了。
- **第 2 种**：将存有数码照片的 CF 卡、SM 卡或记忆棒等移动存储介质从数码相机上取下来以后，必须通过读卡器或适配器等设备将图像文件读入电脑中。
- **第 3 种**：少数数码相机会配有 IrDA 红外线传输接口，用户只需将数码相机放在靠近电脑处，启动相机的传输软件，就可以将图像数据输入电脑。

1.3 用 Adobe Bridge 浏览照片

数码照片被导入到电脑磁盘后，用户就可以使用 Photoshop 附带的 Adobe Bridge 程序来管理和查看文件。Adobe Bridge 是一个能够完全独立运行的应用程序，利用它用户可以查看、搜索、排序、筛选、管理和处理图像、视频和音频文件。另外，用户还可以使用 Bridge 重命名、移动、删除、旋转图像、运行批处理命令，以及查看从数码相机或摄像机中导入的文件和数据。

1.3.1 打开浏览器

要使用 Adobe Bridge 来管理图像文件，可以通过"开始"菜单启动该程序。另外，在运行 Photoshop CS3 时，要利用 Adobe Bridge 浏览图像，可以选择"文件"→"浏览"命令，或者单击工具属性栏右侧的"转到 Bridge"按钮 ，打开 Adobe Bridge 窗口，如下图所示。在 Adobe Bridge 窗口中，用户可以对图像文件进行打开、查看、排序、筛选、重命名、移动、删除、编辑元数据、旋转图像等操作。

"查找位置"下拉列表框　　　　　　　　　　　旋转图像按钮

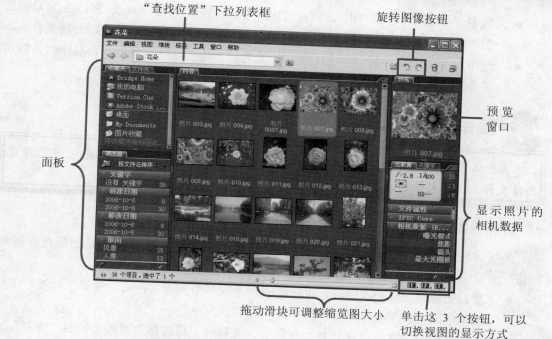

面板

预览窗口

显示照片的相机数据

拖动滑块可调整缩览图大小　　　单击这 3 个按钮，可以切换视图的显示方式

1.3.2　查看和管理图像文件

启动 Adobe Bridge 程序后，用户就可以利用它来查看和管理图像文件了。

1. 浏览文件与文件夹

在 Adobe Bridge 窗口中，要浏览文件与文件夹，可执行如下操作。

- 单击 Adobe Bridge 窗口左侧的"收藏夹"或"文件夹"标签，切换到"收藏夹"或"文件夹"调板，从中可查看或选择图像文件所在位置。
- 在 Adobe Bridge 窗口中，单击"查找位置"右边的下拉按钮，可从弹出的下拉列表中选择保存文件的文件夹。另外，通过单击"查找位置"下拉列表框右侧的"向上"按钮 🖳，或者单击左侧的"返回"按钮 ⬅ 和"前进"按钮 ➡，可以浏览文件夹。

2. 选择、旋转与重命名图像文件

在 Adobe Bridge 窗口中，要选择、旋转与重命名文件，可执行如下操作。

- 在"内容"区域中单击文件的缩览图，选中该文件，在窗口右上方的"预览"面板中可单独显示该文件的缩览图，而在窗口右下方的"元数据"面板中可显示图像文件的相机数据；拖动窗口底边的滑块，可调整缩览图的大小。

 提示

选择图像文件时，按住 Ctrl 键的同时单击要选择的文件缩览图，可以选择多个不连续的图像文件；按住 Shift 键的同时单击首尾两个文件缩览图，可以选择多个连续的图像文件。

- 选中一个或多个图像文件(JPEG、TIFF 等格式)后，单击 Adobe Bridge 窗口顶部的"逆时针旋转90度"按钮 ⟲ 或"顺时针旋转90度"按钮 ⟳ 即可旋转文件。
- 选中一个图像文件后，单击图像文件的名称，待名称呈高亮度反白显示时，即可重命名文件。

提示

重命名文件名时，注意不要双击图像文件的缩览图，否则将在 Photoshop 中打开该图像文件。选中文件后，按 Delete 键，可删除文件。

3. 对图像文件进行标记和评级

为了方便查找图像文件，用户可对一些常用图像文件进行评级和添加颜色标签等操作。

- 要为图像增加标记或评级，可在选中一个或多个图像文件后，选择"标签"下拉菜单中的相应子菜单即可。
- 为选定的图像文件评级和增加颜色后，可利用"筛选器"调板来控制"内容"区域中要显示的图像文件缩览图，从而方便地查找图像。

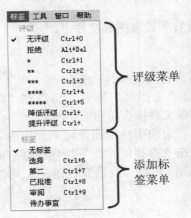

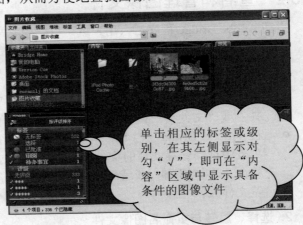

单击相应的标签或级别，在其左侧显示对勾"√"，即可在"内容"区域中显示具备条件的图像文件

4. 堆栈和批重命名文件

在 Adobe Bridge 窗口中，利用堆栈功能可将多个任何类型的文件归组在一个缩览图中，从而方便用户将图片分类存放；利用批重命名功能，可快速为多个文件重命名。

- 选中多个文件后，选择"堆栈"→"归组为堆栈"命令，即可将选定的文件归组在一个缩览图中，如下图所示。

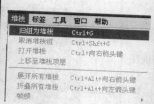

该数字代表该堆栈中包含文件的数量,单击它即可展开堆栈预览其中的文件

- 选中要进行重命名的多个文件,选择"工具"→"批重命名"命令,打开"批重命名"对话框,在其中选择重命名文件放置的位置、新文件名、兼容性等参数,然后单击"重命名"按钮即可。

设置重命名文件放置的位置

设置新文件名

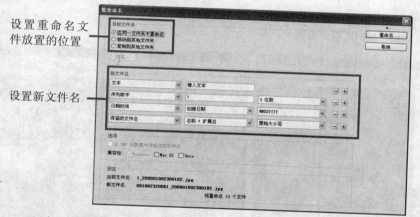

- **目标文件夹**:用于为重命名的文件选择存储位置。其中选中"移动到其他文件夹"或"复制到其他文件夹"单选按钮后,可单击"浏览"按钮来选择文件夹。
- **新文件名**:在该区域中,在第1列下拉列表框中选择元素,在第2列文本框/下拉列表框中输入文本,随后所选元素将与输入的文本组合在一起构成新的文件名。单击右侧的"减号"按钮 ▬ 或"加号"按钮 ╋ 可添加或删除元素。在"批重命名"对话框的底部会显示新文件名的预览。
- **兼容性**:选择与重命名的文件兼容的操作系统,默认为当前的操作系统(即Windows)。

实例1 在 Adobe Bridge 中管理文件

通过前面的学习,我们了解了利用 Adobe Bridge 查看和管理文件的方法。为方便读者更好地应用该程序,下面将通过一个小实例来说明如何使用它为图像文件添加标签、评级、重命名和堆栈。

快乐学电脑

Ф1 选择"开始"→"所有程序"→ Adobe Design Premium CS3 → Adobe Bridge CS3 命令，打开 Adobe Bridge 程序窗口，在窗口中的"查找位置"下拉列表中选择图像文件所在的文件夹。

Ф2 在"内容"区域选择一个或多个图像文件，选择"标签"菜单，然后分别为选中的图像文件评级和添加标签。

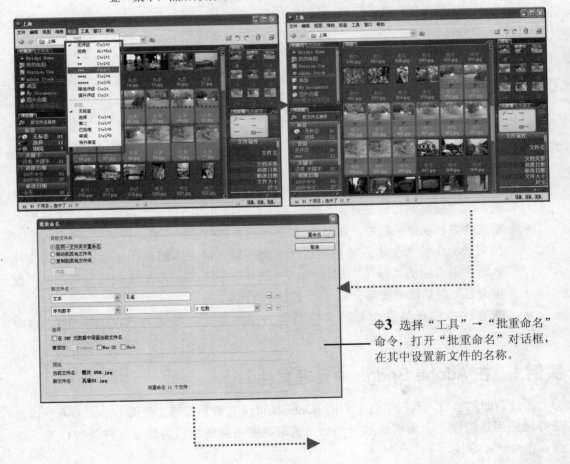

Ф3 选择"工具"→"批重命名"命令，打开"批重命名"对话框，在其中设置新文件的名称。

⊕**4** 设置好参数后，单击"重命名"按钮，选中的图像文件即可被统一重命名。

⊕**5** 按照同样的方法为其他图像文件添加标签、评级和重命名。

⊕**6** 在"筛选器"调板中，按照前面设置的标签和评级来决定"内容"区域中要显示的图像文件。

1.4 熟悉 Photoshop CS3 的工作界面

选择"开始"→"所有程序"→Adobe Design Premium CS3→Adobe Photoshop CS3 命令，或者单击桌面上的 Photoshop CS3 快捷方式图标 Ps，启动 Photoshop CS3 程序并打开一幅图像文件，呈现的就是 Photoshop CS3 的工作界面。

下面，来认识一下 Photoshop CS3 的工作界面，它主要是由标题栏、菜单栏、工具属性栏、图像文件窗口、工具箱、调板和状态栏组成。

快乐学电脑

1.4.1　程序窗口和图像文件窗口

在 Photoshop CS3 程序窗口中，用户可以同时打开多个图像文件，也就是说，程序窗口中包含多个图像文件窗口。为方便管理图像文件，用户可以分别控制程序窗口和图像文件窗口的状态(最大化▣、最小化▬、还原▣和关闭✕状态)。但是，由于程序窗口是父窗口，因此，对图像文件窗口的调整受限于程序窗口。

此外，当图像文件窗口处于"最大化"状态时，将与 Photoshop 程序窗口共用标题栏，此时，在程序窗口的标题栏中将同时显示程序名和图像文件名。

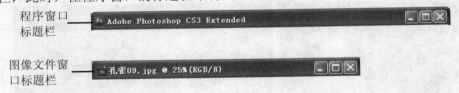

程序窗口标题栏

图像文件窗口标题栏

提示

> 启动 Photoshop CS3 后，在程序窗口中不会直接出现图像文件窗口，而需要用户新建或打开任意图像文件后才能使该图像文件窗口出现在程序窗口中。有关新建、打开图像的方法详见第 2 章。

1.4.2　主菜单或快捷菜单

菜单栏是 Photoshop CS3 的重要组成部分，位于程序标题栏的下方，集合了 Photoshop 大部分的功能和命令，这些命令分门别类地放在 10 个菜单项中。如果要执行某项命令，可单击相应的主菜单。如单击"图像"菜单，然后从弹出的下拉菜单中选择所需的命令即可。

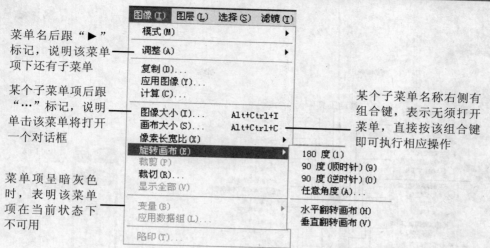

菜单名后跟"▶"标记，说明该菜单项下还有子菜单

某个子菜单项后跟"…"标记，说明单击该菜单将打开一个对话框

菜单项呈暗灰色时，表明该菜单项在当前状态下不可用

某个子菜单名称右侧有组合键，表示无须打开菜单，直接按该组合键即可执行相应操作

为方便用户操作，Photoshop 还提供了另一类菜单——快捷菜单。要打开快捷菜单，单击鼠标右键即可。

打开的快捷菜单

提示

在程序窗口或图像窗口中的不同地方及不同操作状态下，打开的快捷菜单各不相同。不过，快捷菜单中的大多数选项均可在主菜单中找到，其操作方法与主菜单相同。

1.4.3 工具箱与工具属性栏

工具箱位于 Photoshop CS3 的工作界面的左侧，其中包含了 50 多种工具，大致可分为选区制作工具、绘画工具、修饰工具、颜色设置工具以及显示控制工具等几类。

在 Photoshop CS3 中，程序开发者将工具箱设计为折叠式，用户只需单击顶部的双向箭头按钮，即可将工具箱在单列和双列效果间切换。另外，将鼠标指针放置在工具箱顶部的蓝条上，按住鼠标左键并拖动，可以移动工具箱的位置。

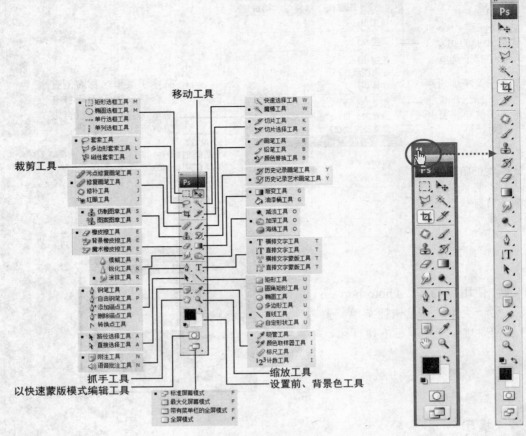

用户要使用某种工具，只需在工具箱中单击该工具即可。工具箱中部分工具的右下角带有黑色的小三角，表示该按钮中包含着其他的工具。在该按钮上按住鼠标左键不放，可从弹出的工具菜单中选择其他工具。

当从工具箱中选择了某种工具后，在菜单栏下方的工具属性栏中即显示该工具相应的工具属性和参数，利用它可设置工具的相关参数。当前选择的工具不同，其工具属性栏中的内容也不相同。下图所示为"移动工具" ⊕ 的属性栏。

1.4.4 调板

调板位于 Photoshop CS3 工作界面的右侧，浮于图像的上方，并且不会被图像覆盖，是 Photoshop 中一项很有特色的功能。用户可利用调板导航显示来观察编辑信息，选择颜色，管理图层、通道、路径、历史记录和动作等。

要在 Photoshop CS3 的工作界面中显示调板，可在"窗口"下拉菜单中单击相应的选项即可。在"窗口"下拉菜单中单击带"√"的选项，或者单击调板标签处的 × 按钮（颜色 ×），可关闭调板的显示。

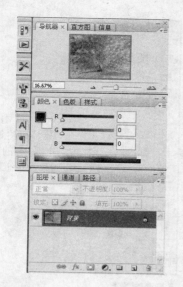

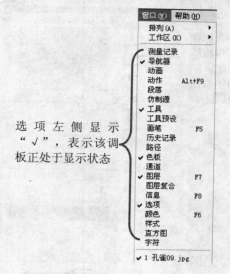

选项左侧显示"√"，表示该调板正处于显示状态

1.4.5　状态栏

状态栏位于图像窗口的底部，显示了该图像的基本信息，如下图所示。状态栏的最左侧区域用于显示图像窗口的显示比例，也可在此区域中输入数值后，按 Enter 键来改变显示比例；中间区域用于显示图像文件的信息，单击其右侧的小三角按钮▶，可在弹出的菜单中选择需要在状态栏中显示的选项。

实例 2　练习管理 Photoshop CS3 的工作界面

通过前面的学习，我们已认识了 Photoshop CS3 工作界面中的各组成部分的作用和特点。下面，我们通过一些小实例来实际操作一下，以熟练掌握它们的特性及操作方法。

1. 展开与折叠调板

在 Photoshop CS3 中，为了能最大程度地节省工作空间，程序开发商将调板设计为可自由折叠与伸展形式，这样还有助于用户更好地观察图像效果。

快乐学电脑

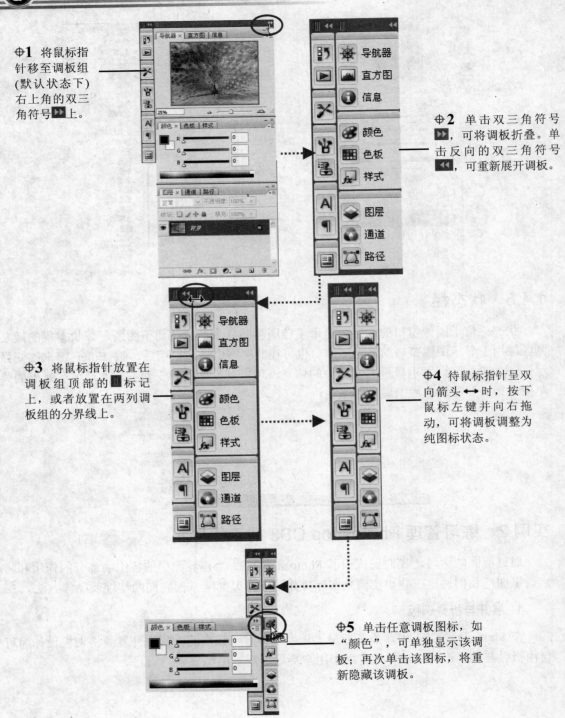

⊕**1** 将鼠标指针移至调板组（默认状态下）右上角的双三角符号 ▶▶ 上。

⊕**2** 单击双三角符号 ▶▶，可将调板折叠。单击反向的双三角符号 ◀◀，可重新展开调板。

⊕**3** 将鼠标指针放置在调板组顶部的 ▦ 标记上，或者放置在两列调板组的分界线上。

⊕**4** 待鼠标指针呈双向箭头 ↔ 时，按下鼠标左键并向右拖动，可将调板调整为纯图标状态。

⊕**5** 单击任意调板图标，如"颜色"，可单独显示该调板；再次单击该图标，将重新隐藏该调板。

2．拆分与组合调板

在 Photoshop CS3 中，用户可根据需要将调板进行拆分、移动和组合。

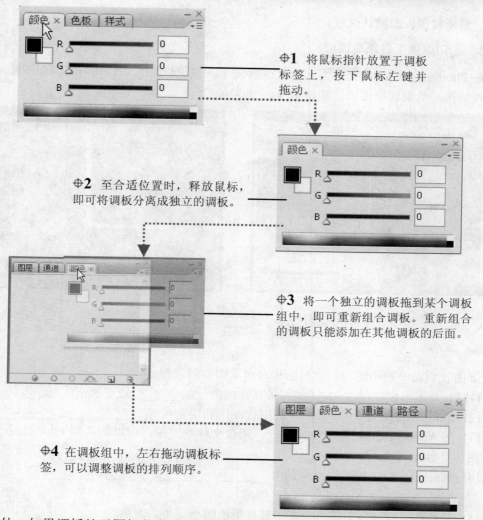

⊕**1** 将鼠标指针放置于调板标签上，按下鼠标左键并拖动。

⊕**2** 至合适位置时，释放鼠标，即可将调板分离成独立的调板。

⊕**3** 将一个独立的调板拖到某个调板组中，即可重新组合调板。重新组合的调板只能添加在其他调板的后面。

⊕**4** 在调板组中，左右拖动调板标签，可以调整调板的排列顺序。

此外，如果调板处于图标状态时，直接拖动调板图标至其他位置，也可将该调板分离成独立的调板。

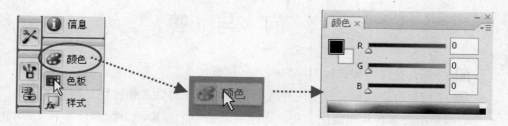

3. 复位调板

调板被任意拆分后，Photoshop CS3 的工作界面就会显得比较乱，这时可以选择"窗口"→"工作区"→"复位调板位置"命令，将调板恢复为默认状态。此外，也可以在工具属性栏中单击"工作区"按钮 工作区 ▼，从弹出的下拉菜单中选择"默认工作区"

命令，来恢复调板的默认位置。

4. 显示/隐藏工具箱与调板

在 Photoshop CS3 的工作界面中，连续按 Tab 键可以将工具箱和所有调板在隐藏和显示之间切换，从而获取更大的视图范围。

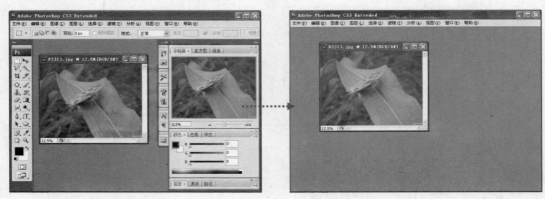

练 一 练

下面我们做一些小练习，以判断你对所学内容的掌握程度。

(1) Photoshop CS3 是_____公司最新推出的一款_____处理软件。

(2) Adobe Bridge 是一款_____应用程序，利用它可_____。

(3) 在 Adobe Bridge 窗口中，_____图像文件缩览图，可以切换到 Photoshop 程序并打开图像文件。

(4) Photoshop CS3 的工作界面是由_____、_____、_____、_____、_____、_____、_____、_____和_____组成。

(5) 工具箱中的部分工具的右下角带有黑色的小三角，表示_____。

(6) 要打开一个快捷菜单，可单击鼠标_____键。

问 与 答

问：什么是位图与矢量图，它们的区别是什么？

答：图像有位图和矢量图两种类型之分，它们的含义和区别分别如下。

位图是由许多色块组成的，每一个色块就是一个像素，而像素只显示一种颜色，是构成图像的最小单位。对位图进行放大后可看到这些色块，即我们通常所说的马赛克效果。

日常生活中，我们使用数码相机拍摄的照片、扫描的图像都属于位图。位图与矢量图相比，优点是所表现的效果更真实、细腻，它常用于广告设计等领域；其缺点是文件尺寸太大，且与分辨率有关。

矢量图主要由设计软件(如 Illustrator 和 CorelDRAW 等)通过数学公式计算产生的，它与分辨率无关，也无法通过扫描获得。对其进行放大后，其图像质量不会发生任何改变。

矢量图具有文件存储量小、可随意缩放、按任意分辨率打印都不降低清晰度的优点，所以矢量图在标志设计、插图设计及工程绘图上占有很大的优势。

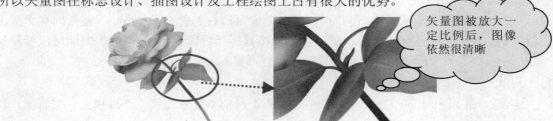

问：如何让图像以指定的百分比显示？

答：用户只需在图像窗口底部的状态栏左侧的编辑框中输入所需的百分比值，按 Enter 键确认即可。

问：图像窗口被放大显示后超出当前显示窗口时，如何移动图像的显示区域？

答：当图像超出当前显示窗口时，系统将自动在显示窗口的右侧和下方出现垂直或水平滚动条。要移动图像的显示区域，可执行如下任一操作。

● 直接拖动滚动条移动图像的显示区域。

● 选择"抓手工具" 后，鼠标指针呈 形状，在显示窗口拖动鼠标即可改变图像显示区域。

● 选择"窗口"→"导航器"命令，打开"导航器"调板，将鼠标指针移至调板预览窗口的红色线框上，然后按下并拖动鼠标即可。

问：在保留工具箱的情况下，如何快速隐藏/显示调板？

答：按 Shift+Tab 组合键，即可快速显示/隐藏所有调板。

问：如何调整图像窗口的位置和大小？

答：要移动图像窗口的位置，必须在图像窗口未处于最大化状态时，单击并拖动图像窗口标题栏即可移动其位置。

要调整图像窗口的大小，用户可以单击图像窗口右上角的"最小化"按钮█和"最大化"按钮█来进行调整。此外，还可以通过将鼠标指针置于图像窗口边界(此时鼠标指针呈↕、↔、↗或↘形状)，然后拖动鼠标来进行调整。

问：如何更改屏幕模式？

答：在 Photoshop CS3 中，系统提供了 4 种屏幕显示模式：全屏模式、带有菜单栏的全屏模式、标准屏幕模式和最大化屏幕模式。默认状态下为标准屏幕模式。

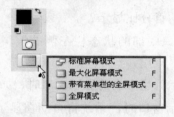

要切换屏幕的显示模式，可进行如下任一操作。

- 选择"视图"→"屏幕模式"菜单，在其子菜单中选择相应的命令即可。
- 连续单击工具箱底部的"更改屏幕模式按钮"█，可切换屏幕显示模式。
- 在英文输入法状态下，连续按 F 键可以快速切换屏幕显示模式。

问：如何将工具的各项属性快速恢复为默认值？

答：要将工具的属性恢复为默认值，只需选择一种工具，如"移动工具"█，然后将鼠标指针移至工具属性栏最左侧的工具图标上，并右击，从弹出的快捷菜单中选择"复位工具"或"复位所有工具"命令即可。

问：如何快速选择工具？

答：为了方便用户快速选择工具，Photoshop 开发商为每个工具都设置了字母快捷键。要选择某工具，只需在英文输入法状态下按相应的字母键即可，如"移动工具"█的快捷键是 V 键。若在同一工具组中包含多个工具，反复按键盘上的 Shift+字母键即可在同一工具组中切换其他工具。

第2章 熟悉 Photoshop CS3 的基础操作

本章学习重点

☞ 打开与关闭图像文件
☞ 新建与保存图像文件
☞ 了解图像文件的格式
☞ 图像处理操作的撤销与重复

无论做什么事情，都需要从零起步，正所谓"万丈高楼平地起"。同样，要熟练使用 Photoshop 处理数码照片，也得先从它的基础操作开始。在本章中，我们将详细介绍 Photoshop 的基础操作：图像文件的打开、关闭、新建、保存操作，图像文件的格式，以及图像处理操作的撤销和重复。

2.1 图像文件的操作

图像文件的操作包括打开、关闭、新建和保存文件等操作。下面，我们来介绍这些内容。

2.1.1 打开与关闭图像文件

要利用 Photoshop 编辑图像文件，首先需要打开图像文件。选择"文件"→"打开"命令，或者按 Ctrl+O 组合键，打开"打开"对话框。

⊕**1** 在"查找范围"下拉列表框中选择图像文件所在的磁盘或文件夹。

⊕**2** 在文件列表框中选中要打开的图像文件。

⊕**3** 单击"打开"按钮，即可打开选中的图像文件。

提示

在"打开"对话框的文件列表框中选中文件后按 Enter 键，或者双击选中的文件也可执行打开操作。

"打开"对话框中部分按钮的意义如下。

- **"转到访问的上一个文件夹"按钮**：单击该按钮可转到上次访问过的文件夹。
- **"向上一级"按钮**：单击该按钮可转到当前文件夹的父文件夹。
- **"创建新文件夹"按钮**：单击该按钮可以在当前位置创建一个新的文件夹。
- **"查看"菜单按钮**：单击该按钮，用户可从弹出的下拉菜单中选择一种文件或文件夹的显示方式。系统提供了 5 种显示方式："缩略图"、"平铺"、"图标"、"列表"和"详细信息"。

提示

这里介绍一种快速打开图像的方法：在图像所在的文件夹中选中图像文件，然后将文件直接拖拽到电脑桌面的状态栏中 Photoshop 的"最小化"按钮上，待切换回 Photoshop 程序后，将文件拖至程序窗口内释放鼠标左键即可。

此外，选择"文件"→"最近打开文件"命令，在其子菜单中，系统列出了最近打开过的 10 个文件，用户可从中选择所需的图像文件，从而避免再次查找文件的麻烦。

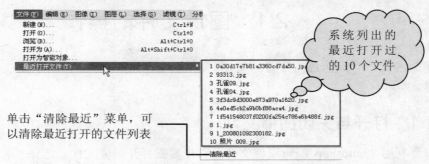

系统列出的最近打开过的 10 个文件

单击"清除最近"菜单，可以清除最近打开的文件列表

如果用户不想再继续编辑某个图像，可选择"文件"→"关闭"命令、按 Ctrl+W 或 Ctrl+F4 组合键、单击图像窗口右上角的"关闭"按钮等来关闭图像窗口。

提示

这里要注意的是：如果单击程序窗口右侧的"关闭"按钮，将退出 Photoshop 程序，并关闭打开的所有图像文件。

2.1.2　创建新图像

启动 Photoshop 程序后，如果不打开任何图像文件，我们可以新建一个图像文件，然后才能用 Photoshop 提供的各种功能进行编辑与处理。选择"文件"→"新建"命令，或者按 Ctrl+N 组合键，打开"新建"对话框，在其中先设置文件的名称、宽度、高度和分辨率等参数，然后单击"确定"按钮即可创建新文件。

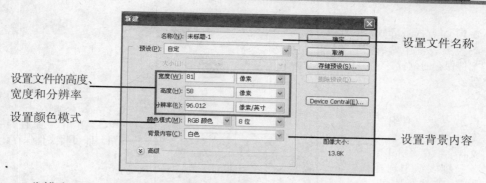

设置文件名称

设置文件的高度、宽度和分辨率

设置颜色模式

设置背景内容

- **分辨率**：分辨率是指显示或打印图像时，在每个单位上显示或打印的像素数，通常以像素/英寸(pixel/inch，ppi)来衡量。一般情况下，如果希望图像仅用于显示，可将其分辨率设置为 72 像素/英寸或 96 像素/英寸(与显示器分辨率相同)；如果希望图像用于印刷输出，则应将其分辨率设置为 300 像素/英寸或更高。
- **颜色模式**：在其右侧的下拉列表框中可为新文件选择模式。系统提供了 5 种模式：位图、灰度、RGB 颜色、CMYK 颜色和 Lab 颜色，用户可以根据需要来选择。
- **背景内容**：在其右侧的下拉列表框中选择合适的选项可以确定新建的文件包含一个什么样的图层。其中选择"白色"选项表示将创建一个以白色为背景的图像；选择"背景"选项表示系统将以当前使用的背景色填充新图像；而选择"透明"选项则表示系统将创建一个没有颜色值的单层图像。
- **"存储预设"按钮**：以上所有参数设置好后，单击该按钮即可将设置存储为预设，以便日后使用。
- **"高级"按钮**：单击该按钮可展开/收缩其下方的两个下拉列表框，通过这两个下拉列表框可设置新文件的颜色配置和像素长宽比，一般情况下保持默认即可。

提示

要在 Photoshop 中制作出高质量的图像，就必须掌握像素、像素大小、图像大小 3 个概念的区别。

- **像素**：图像是由一个个点组成的，每一个点就是一个像素。
- **像素大小**：是指位图图像在高度和宽度上的像素数量。
- **图像大小**：是指图像的高度和宽度。

2.1.3 保存图像

当用户把图像编辑好后，需要将其进行保存，以备日后使用。如果要保存的图像文件为新建文件，则选择"文件"→"存储"命令，或者按 Ctrl+S 组合键，打开"存储为"对话框。

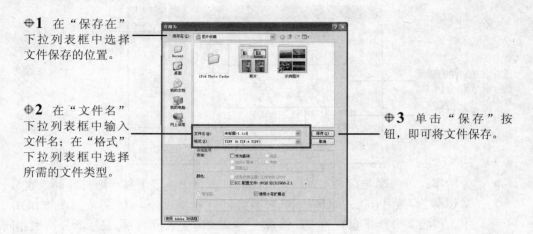

1 在"保存在"下拉列表框中选择文件保存的位置。

2 在"文件名"下拉列表框中输入文件名；在"格式"下拉列表框中选择所需的文件类型。

3 单击"保存"按钮，即可将文件保存。

"存储"选项组中各复选框的作用如下。

- **作为副本**：为文件保存一个副本，但原文件不受影响，仍然保持打开状态。
- **批注**：决定是否保存带有附注或语音注释的图像文件。
- **Alpha 通道**：决定是否在保存图像的同时保存 Alpha 通道。如果图像中没有 Alpha 通道，则该项以灰色显示。
- **专色**：选中该复选框可以存储带有专色通道的图像文件。
- **图层**：选中该复选框后，图像将分层保存。不选中该复选框，在对话框的底部将显示警告信息，并将所有的图层进行合并保存。

 提示

　　如果对已有图像进行编辑后保存，则选择"文件"→"存储"命令后将不再打开"存储为"对话框。另外，如果用户不希望对原图像进行更改，可选择"文件"→"存储为"命令，或者按 Ctrl+Shift+S 组合键，在打开的"存储为"对话框中重命名文件并保存。

2.1.4　图像文件的格式

　　图像文件格式是在计算机中存储图像文件的方法，不同的格式代表不同的图像信息，而每一种格式都有它的特点和用途。下面对几个常用的图像格式做简单介绍。

- **PSD 格式**：是 Photoshop 本身专用的文件格式，也是新建文件时默认的存储文件类型。此种文件格式不仅支持所有模式，还可以将文件的图层、参考线、Alpha 通道等属性信息一起存储。该格式的优点是保存的信息多、便于修改，缺点是文件尺寸较大。
- **TIFF 格式**：是一种应用非常广泛的图像文件格式，几乎所有的扫描仪和多数图像软件都支持这一格式。它采用无损压缩方式，支持包括一个 Alpha 通道的 RGB、CMYK、灰度模式，以及不含 Alpha 通道(主要是用来记录图像中的透明度信息)的 Lab 颜色、索引颜色、位图模式，并且可以设置透明背景。

- **JPEG 格式**：是一种压缩效率很高的存储格式。在保存文件时，它能够将很多肉眼无法分辨的图像像素删除，从而高效地压缩文件。但由于它采用的是具有破坏性的压缩方式，因此，该格式仅适用于保存不含文字或文字尺寸较大的图像。否则，将导致图像中的字迹模糊。

- **GIF 格式**：是 256 色 RGB 图像格式，其特点是文件尺寸较小，支持透明背景，特别适合作为网页图像。此外，还可利用 ImageReady 制作 GIF 格式的动画。

- **BMP 格式**：是 Windows 操作系统中"画图"程序的标准文件格式，此格式与大多数 Windows 和 OS/2 平台的应用程序兼容。由于该图像格式采用的是无损压缩，因此，其优点是图像完全不失真，缺点是图像文件的尺寸较大。

- **PDF 格式**：是由 Adobe Acrobat 软件生成的文件格式，该格式可以保存多页信息，其中可以包含图形和文本。此外，由于该格式支持超级链接，因此是网络下载经常使用的文件格式。PDF 格式支持 RGB、索引、CMYK、灰度、位图和 Lab 等颜色模式，但不支持 Alpha 通道。

- **PNG 格式**：PNG(Portable Network Graphics)的原名为可移植性网络图像。PNG 能够提供长度比 GIF 小 30%的无损压缩图像文件，同时还提供 24 位和 48 位真彩色图像支持以及其他诸多技术性支持。PNG 格式是最新的并适合作为网络图像的格式，就目前来讲，不是所有的程序都支持该格式图像，但 Photoshop 可以处理该格式的图像文件，因此也可以用该文件格式存储图像。

实例 1 更换照片背景

下面，我们通过为照片更换背景的小实例来练习一下对图像文件的基本操作。具体方法如下。

◈1 按 Ctrl+N 组合键，打开"新建"对话框，在其中设置新文件名为"更换背景"，宽度和高度分别为"420 像素"、"560 像素"，分辨率为"72 像素/英寸"，颜色模式为"RGB 颜色"，背景内容为"白色"。

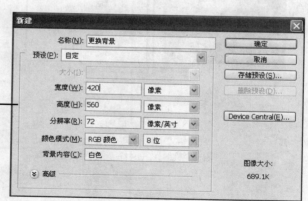

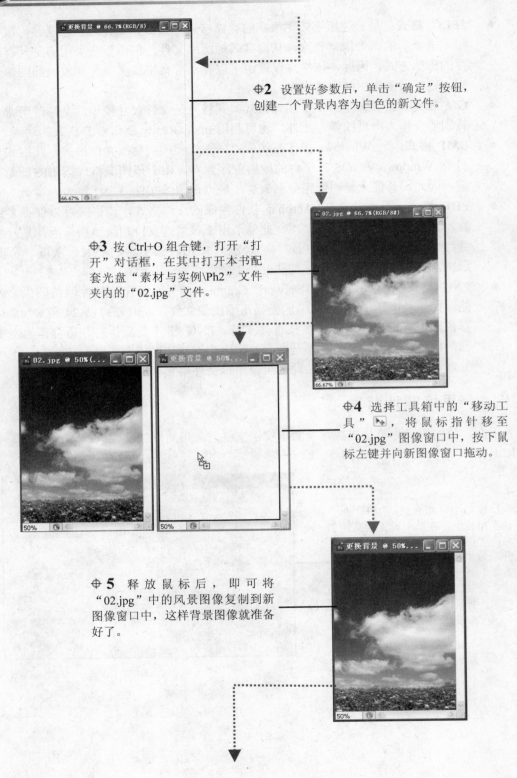

◆2　设置好参数后，单击"确定"按钮，创建一个背景内容为白色的新文件。

◆3　按 Ctrl+O 组合键，打开"打开"对话框，在其中打开本书配套光盘"素材与实例\Ph2"文件夹内的"02.jpg"文件。

◆4　选择工具箱中的"移动工具"，将鼠标指针移至"02.jpg"图像窗口中，按下鼠标左键并向新图像窗口拖动。

◆5　释放鼠标后，即可将"02.jpg"中的风景图像复制到新图像窗口中，这样背景图像就准备好了。

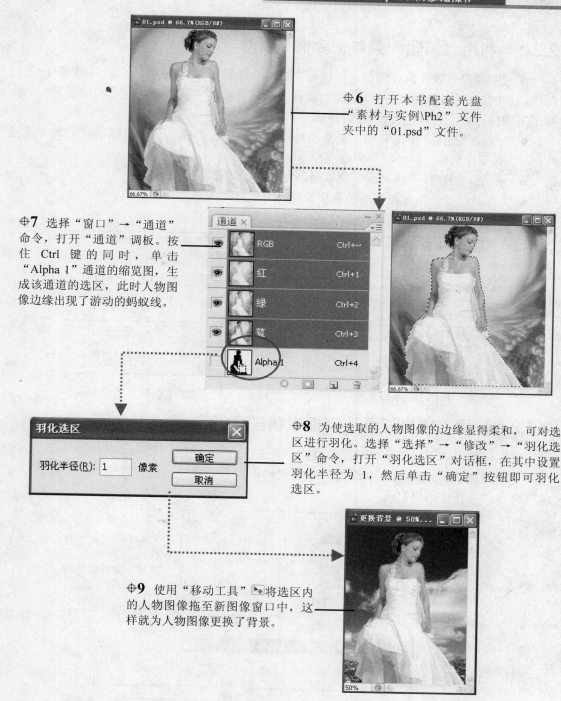

⊕**6** 打开本书配套光盘"素材与实例\Ph2"文件夹中的"01.psd"文件。

⊕**7** 选择"窗口"→"通道"命令，打开"通道"调板。按住 Ctrl 键的同时，单击"Alpha 1"通道的缩览图，生成该通道的选区，此时人物图像边缘出现了游动的蚂蚁线。

⊕**8** 为使选取的人物图像的边缘显得柔和，可对选区进行羽化。选择"选择"→"修改"→"羽化选区"命令，打开"羽化选区"对话框，在其中设置羽化半径为 1，然后单击"确定"按钮即可羽化选区。

⊕**9** 使用"移动工具"将选区内的人物图像拖至新图像窗口中，这样就为人物图像更换了背景。

2.2 图像处理操作的撤销和重复

在用 Photoshop 处理图像时，如果出现操作错误，别担心，我们还可以利用 Photoshop 的撤销功能来弥补。此外，还可以利用系统提供的重复功能重复完成某些操作。

2.2.1 利用"编辑"菜单命令撤销操作

在对图像没有做任何处理前，"编辑"菜单中的第一条命令为"还原"；用户在进行图像处理时，最近所进行的操作均会出现在"编辑"菜单中的第一条命令的位置上。当执行了某项操作后，它就被替换为还原+操作名称。

- 单击"还原+操作名称"菜单项可撤销刚执行过的操作，此时菜单项变为"重做+操作名称"。
- 单击"重做+操作名称"菜单项，则取消的操作又被恢复。
- 若要逐步还原前面执行的多步操作，可选择"编辑"→"后退一步"命令。
- 若要逐步恢复被删除的操作，可选择"编辑"→"前进一步"命令。

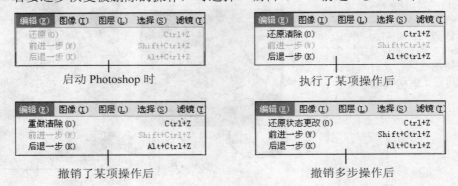

启动 Photoshop 时　　　　　　　　　　　执行了某项操作后

撤销了某项操作后　　　　　　　　　　　撤销多步操作后

2.2.2 利用"历史记录"调板撤销任意操作

我们可利用"历史记录"调板撤销前面所进行的操作，并可在图像处理过程中为当前的处理结果创建快照，还可以将当前的处理结果保存为文件。选择"窗口"→"历史记录"命令，打开"历史记录"调板。

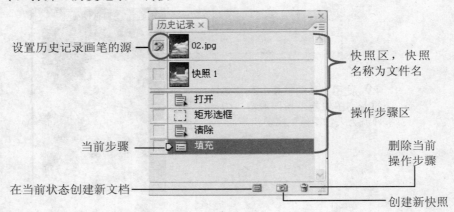

1. 撤销打开图像后所有的操作

当用户打开一个图像文件后，系统将自动把该图像文件的初始状态记录在快照区中，用户只需单击该快照，即可撤销打开文件后所执行的全部操作。

2. 撤销指定步骤后所执行的系列操作

要撤销指定步骤后所执行的系列操作，用户只需在操作步骤区中单击该步操作即可。

提示

> 撤销了某些操作步骤后，如果又执行了其他操作，则这些操作步骤将取代"历史记录"调板中被取消的操作步骤的位置。

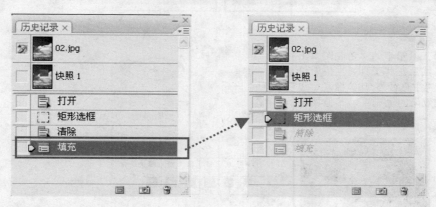

3. 恢复被撤销的步骤

如果撤销了某些操作步骤，而且还未执行其他操作，则还可恢复被撤销的操作步骤，此时只需在操作步骤区单击要恢复的操作步骤即可。

2.2.3 从磁盘上恢复图像和清理内存

- **恢复图像：** 如果用户在处理图像时，中间曾经保存过图像，且其后又进行了其他处理，则选择"文件"→"恢复"命令，可让系统从磁盘上恢复最近保存的图像。

- **清理内存：** 由于 Photoshop 在处理图像的过程中要保存大量的中间数据，所以会减慢计算机处理图像的速度。为此，可选择"编辑"→"清理"下拉菜单中的选项，来清理、还原剪贴板数据、历史记录或全部操作。

实例2 将多人照变成单人照

下面，我们通过将多人照片变成单人照，来感受一下 Photoshop 处理数码照片的魅力。具体操作如下。

1 打开本书配套光盘"素材与实例/Ph2"文件夹中的"03.jpg"文件,下面我们要将右侧站立的人物删除。

2 选择工具箱中的"多边形套索工具"，然后利用该工具细心地将右侧的人物圈选出来。

3 选择工具箱中的"仿制图章工具"，然后在其工具属性栏中设置画笔为"主直径为 100 像素、边缘带发散效果的笔刷"，其他属性保持默认。

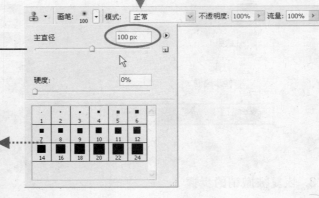

4 将鼠标指针移至图像窗口中,按住 Alt 键的同时,在图像窗口中单击定义一个参考点。

5 释放鼠标和按键,然后将鼠标指针移至选区内的人物头部,单击,此时可看到头部图像被背景图像所覆盖。

6 继续用"仿制图章工具"将选区内的人物图像完全覆盖,并按 Ctrl+D 组合键取消选区。这样,双人照就变成单人照了。

提示

在复制的过程中,图像中会显示一个"+"形图标,表示该位置的图像被复制到当前鼠标指针单击的位置。此外,要遮盖其他区域时,需要在被覆盖区域的周围重新定义参考点。

⊕7 选择工具箱中的"魔棒工具" ，
然后单击其工具属性栏中的"添加到选
区"按钮 ，其他属性保持默认。

⊕8 将鼠标指针移至人物图像的
背景上单击，系统将自动选取与
单击处颜色相近或相似的区域，
然后在其他背景区域继续单击，
直至选中所有背景图像。

⊕9 选择"选择"→"反向"命令，
将选区反选，选中人物图像，下面为
人物图像换个漂亮的背景。

⊕10 打开一幅风景照片(04.jpg)，利用"移
动工具" 将选区内的人物图像移至风景照
片中，系统自动生成"图层 1"。

⊕11 选择"窗口"→"图层"命
令，打开"图层"调板，然后设置
"图层 1"的混合模式为"滤色"，
这时婚纱变通透了。

⊕**12** 如果婚纱还不够通透，可按两次 Ctrl+J 组合键，分别复制出 "图层 1 副本" 和 "图层 1 副本 2"。这样，婚纱变得更通透了，但人物脸部不符合要求，需要进一步处理。

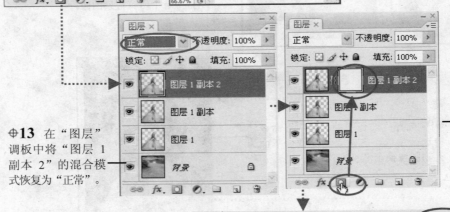

⊕**13** 在 "图层" 调板中将 "图层 1 副本 2" 的混合模式恢复为 "正常"。

⊕**14** 单击 "图层" 调板底部的 "添加图层蒙版" 按钮，为 "图层 1 副本 2" 添加一个空白的蒙版。

⊕**15** 按 D 键，将前、背景色设置为 "黑色"、"白色"。选择 "画笔工具"，然后在其工具属性栏中设置画笔为 "70 像素的柔角笔刷"，将 "不透明度" 设置为 20%，其他属性保持默认。

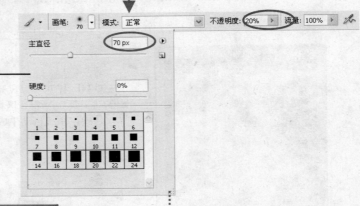

⊕**16** 将鼠标指针移至人物图像的婚纱边缘，然后小心地涂抹，将婚纱涂抹成通透效果。这样，整个单人照效果就制作完成了。

练 一 练

下面我们做一些小练习，以判断你对所学内容的掌握程度。

(1) 按_____组合键，可以打开"打开"对话框；按_____组合键，可以打开"新建"对话框。

(2) 如果要打开最近曾打开过的图像文件，可以选择_____→_____命令。

(3) 如果要关闭某个图像文件，可以按_____或_____组合键。

(4) 要存储图像文件，可以按_____组合键；在不更改原图像的情况下，按_____组合键，可将文件重新命名保存。

问 与 答

问：什么是颜色模式，常用的颜色模式有哪些？

答：颜色模式是图像设计的基本知识，它决定了如何描述和重现图像的色彩。同一种文件格式可以支持一种或多种颜色模式。

常用的颜色模式有如下几种。

- **RGB 颜色模式**：该模式为 Photoshop 软件默认的颜色模式，该模式下图像的颜色是由红(R)、绿(G)、蓝(B)三原色混合组成，共可混合出多达 1670 万种颜色，它是编辑图像的最佳颜色模式。当图像中某个像素的 R、G、B 值相等时，像素颜色为灰色；R、G、B 值都为 0 时，像素颜色为黑色；R、G、B 值都为 255 时，像素颜色为白色。

- **CMYK 颜色模式**：该模式是一种印刷模式，其图像颜色由青(Cyan)、洋红(Magenta)、黄(Yellow)和黑(Black) 4 种色彩混和组成。在 Photoshop 中处理图像时，一般不采用 CMYK 模式，因为该模式下图像文件占用的存储空间较大。此外，Photoshop 提供的很多滤镜 CMYK 模式图像不可用，因此，一般只在打印或印刷时才将图像的颜色模式转换为 CMYK 模式。

- **灰度模式**：灰度图像中只有灰度信息而没有彩色。Photoshop 将灰度图像看成只有一种颜色通道的数字图像。

- **位图模式**：位图模式是用黑白两种颜色值中的一种表示图像中的像素。位图模式的图像也叫黑白图像，或一位图像。

- **Lab 模式**：该模式是 Photoshop 内部的颜色模式，由于该模式是目前所有模式中包含色彩范围最广的颜色模式，能毫无偏差地在不同系统和平台之间进行交换，因此，该模式是 Photoshop 在不同颜色模式之间转换时使用的中间颜色模式。

- **多通道模式**：该模式在每个通道中都使用 256 级灰度，常用于特殊打印。

- **索引颜色**：该模式图像最多使用 256 种颜色。当转换为索引颜色时，Photoshop 将构建一个颜色查找表(CLUT)，用以存放并索引图像中的颜色。如果原图像中的颜色超出色彩表中的颜色范围，则程序会自动选取色彩表中最接近的颜色或使用已有颜色模拟该颜色。索引颜色模式可减小文件的大小，同时保持视觉上的质量不变。这种模式通常用于多媒体动画或网页图像。但在该模式下，Photoshop中的多数工具和命令不可用。

● **双色调模式**：该模式是通过 1～4 种自定彩色油墨创建单色调、双色调(两种颜色)、三色调(3 种颜色)和四色调(4 种颜色)的灰度图像。

问：如何根据需要选择合适的图像保存格式？

答：如果制作的图像用于印刷，一般应该选择 TIFF、EPS 格式；如果图像要用于网络，通常应该选择 GIF、JPEG 或 PNG 格式；如果以后还需要对图像进行编辑，则应该选择 PSD 格式。

问：如果在程序窗口中打开了多个图像文件，如何切换图像窗口？如果程序窗口显得杂乱，又该如何调整？

答：如果要在打开的多个图像窗口间切换，我们可以按 Ctrl+Tab 组合键；或者选择"窗口"菜单，在打开的下拉菜单中选择相应的文件名即可。

如果程序窗口显得杂乱无章，可以通过选择"窗口"→"排列"下拉菜单中的"层叠"、"水平平铺"、"垂直平铺"和"排列图标"命令，来改变图像窗口的显示状态。

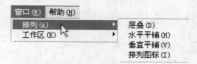

问：如何快速创建与其他图像文件相同参数的图像文件？

答：要利用"新建"对话框创建与其他图像文件相同参数的图像，可执行如下操作。

✦1 在"新建"对话框中设置好新文档的参数后，单击对话框中的"存储预设"按钮，打开"新建文档预设"对话框，在其中设置所需的选项。

✦2 下次新建图像时，只需在"新建"对话框中的"预设"下拉列表框中选择相应的尺寸即可。

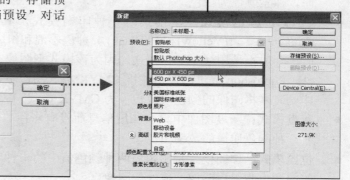

问：为何要设置前景色和背景色，设置颜色的方法有哪些？

答：在利用 Photoshop 编辑图像时，大部分操作结果与当前设置的前景色和背景色有着密切联系。例如，在使用"画笔工具" ✐、"铅笔工具" ✐ 及"油漆桶" ⬥ 等工具在图像窗口进行绘画时，使用的是前景色；在利用"橡皮擦工具" ✐ 擦除图像窗口中的背景图层时，则利用的是背景色来填充被擦除的区域；在对图像应用 Photoshop 提供的大部分滤镜时，其效果也受前景色和背景色的影响。

在 Photoshop 中，我们可以利用"拾色器"对话框、"颜色"调板、"色板"调板和

"吸管工具"设置前、背景色。

1. 利用"拾色器"对话框设置颜色

要利用"拾色器"对话框设置前景色和背景色，可执行如下操作。

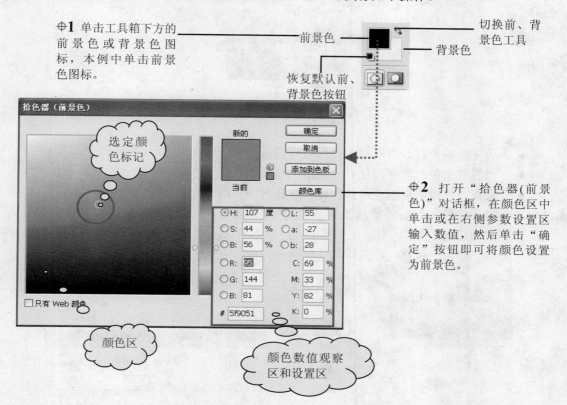

⊕**1** 单击工具箱下方的前景色或背景色图标，本例中单击前景色图标。

前景色

切换前、背景色工具

背景色

恢复默认前、背景色按钮

选定颜色标记

⊕**2** 打开"拾色器(前景色)"对话框，在颜色区中单击或在右侧参数设置区输入数值，然后单击"确定"按钮即可将颜色设置为前景色。

颜色区

颜色数值观察区和设置区

● **颜色区**：在"拾色器"对话框左侧的颜色区直接单击可选取颜色(鼠标指针所在区域)。

● **光谱**：上下拖动光谱的滑块▷ ◁，可改变颜色区的主色调。

● **颜色数值观察和设置区**：在该区域可直接输入数值来确定颜色。

2. 利用"颜色"调板设置颜色

要利用"颜色"调板设置前、背景色，可执行如下操作。

⊕**1** 选择"窗口"→"颜色"命令，或者按 F6 键，打开"颜色"调板。

⊕**2** 单击前景色或背景色颜色框，以确定要设置哪个颜色。

⊕**3** 拖动 R、G、B 滑块或直接输入数值，即可改变前景色或背景色。

快乐学电脑

3. 利用"色板"调板设置颜色

利用"色板"调板可以快速选择系统预设的颜色，用户不必再自行设置。选择"窗口"→"色板"命令，打开"色板"调板，如下图所示。具体操作分别如下所示。

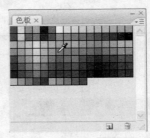

- 设置前景色时，直接单击"色板"调板中的色块即可。
- 设置背景色时，在按住 Ctrl 键的同时单击"色板"调板中的色块即可。
- 要在"色板"调板中添加色样，应先利用"颜色"调板或"拾色器"设置好要添加的颜色，然后将鼠标指针移至"色板"调板中的空白处单击(此时鼠标指针为"油漆桶"形状🖐)。在打开的"色板名称"对话框中，输入色样名称或直接单击"确定"按钮，即可添加色样。

- 如果要删除色样，可先按下 Alt 键，当鼠标指针呈剪刀状✂时，单击要删除的色样方格即可。

4. 利用"吸管工具"设置颜色

利用"吸管工具" 🖊 可以在图像或调板中吸取所需的颜色，并将它设置为前景色或者背景色。例如：在修补图像中某个区域的颜色时，我们通常需要从该区域附近找出相近的颜色，然后再用该颜色处理被修补处，此时便要用到"吸管工具" 🖊 。

选择"吸管工具" 🖊 ，然后执行如下相关操作来设置所需颜色。

- 将鼠标指针移至图像窗口中并在取色位置单击即可设置前景色。
- 按住 Alt 键的同时，在取色位置单击即可设置背景色。
- 在"吸管工具" 🖊 的工具属性栏中，"取样大小"选项默认状态下仅吸取鼠标指针所指位置下一个像素的颜色。用户也可选择"3×3 平均"或"5×5 平均"等。这样就可以吸取 3×3 或 5×5 像素的颜色的平均值。

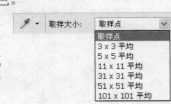

第3章　调整照片的基本操作

本章学习重点

- ☞ 裁剪、修正和缩放照片
- ☞ 图像选取
- ☞ 选区的灵活运用

通过前两章的学习，读者大概已经感受到 Photoshop 的神奇魅力了。在拍照时，如果遇到照片拍歪了，背景不好看，或者是照片主题不突出等诸多小问题，你不必担心，因为这些问题 Photoshop 都可以帮你一一解决。

3.1　裁剪、修正和缩放照片

在拍摄照片时，如果不是刻意地追求倾斜效果而拍歪的照片，我们可以拿到 Photoshop 中进行简单的矫正处理。

实例1　使用"裁剪工具"裁剪与修正照片

利用"裁剪工具"🔲可以去除图像的部分区域以实现突出主题或加强构图效果的作用，此外还可以用它来纠正照片的倾斜现象。

◈**1** 打开本书配套光盘"素材与实例\Ph3"文件夹中的"01.jpg"文件，从图中可以看到照片被拍歪了，需要进行矫正。

◈**2** 选择"裁剪工具"🔲，将鼠标指针移至图像窗口中，按下鼠标左键并拖动，绘制矩形裁切框。裁切框以内的区域为要保留的部分。

⊕**3** 将鼠标指针移至裁切框的外面，当指针呈弯曲的双向箭头 ↻ 时，按下鼠标左键并拖动，旋转裁切框，以使裁切框的左右两边与人物身体平行。这样做的目的，是使裁剪后的图像变正。

⊕**4** 将鼠标指针放置在裁切框的控制点上，当它呈双向箭头 ↕ 时，按下鼠标左键并拖动，调整裁切框的大小，以确定要保留图像区域的大小。

⊕**5** 调整好要保留的图像区域后，在裁切框内双击，即可完成裁剪操作。这样，照片就被修正了。

提示

　　确定裁切区域后，选择"图像"→"裁剪"命令或单击工具箱中的"裁剪工具" 🔳 ，均可执行裁切操作。如果要取消裁切，可按 Esc 键。

　　当确定裁切区域后，属性栏将发生变化，此时可利用其属性栏设置是否使用屏蔽功能及调整裁切遮蔽的"颜色"和"不透明度"等属性。

　　此外，选中"裁剪工具" 🔳 后，用户还可利用其属性栏中指定的长、宽精确裁切图像，并修改图像的分辨率。

🔳 ▾	宽度：	⇄	高度：	分辨率：	像素/英寸 ▾	前面的图像	清除

- **宽度、高度：**直接输入数值即可设置裁切区域的高度和宽度。
- **分辨率：**设置裁切图像的分辨率，在其右侧的下拉列表框中可以设置单位。
- **"前面的图像"按钮：**单击该按钮表示使用图像当前的长、宽比例。
- **"清除"按钮：**单击该按钮可清除当前宽度、高度和分辨率的数值。

实例2　使用"标尺工具"和"任意角度"命令修正照片

利用"标尺工具" 可以测量图像中任意两点之间的距离和角度，然后配合任意角度功能可以修正倾斜的照片。

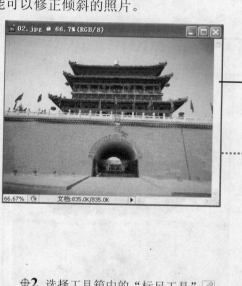

⊕**1** 打开本书配套光盘"素材与实例\Ph3"文件夹中的"02.jpg"文件，从图中可以看出，建筑物有明显的倾斜现象，需要将其修正。

⊕**2** 选择工具箱中的"标尺工具" ，然后将光标移至图像窗口中，放置在围墙上沿处，按下鼠标左键并水平向右拖动，绘制一条水平测量线。

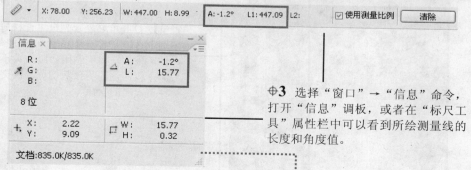

⊕**3** 选择"窗口"→"信息"命令，打开"信息"调板，或者在"标尺工具"属性栏中可以看到所绘测量线的长度和角度值。

⊕**4** 选择"图像"→"旋转画布"→"任意角度"命令，打开"旋转画布"对话框，其中各项参数保持系统默认，单击"确定"按钮关闭对话框。

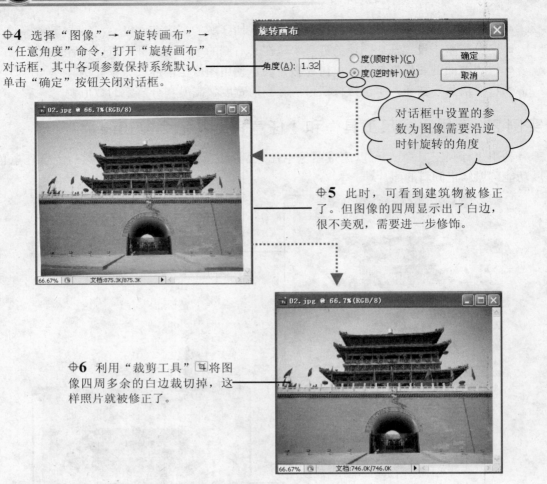

对话框中设置的参数为图像需要沿逆时针旋转的角度

⊕**5** 此时，可看到建筑物被修正了。但图像的四周显示出了白边，很不美观，需要进一步修饰。

⊕**6** 利用"裁剪工具" 将图像四周多余的白边裁切掉，这样照片就被修正了。

实例3　使用"画布大小"命令裁剪照片

图像画布大小是指当前图像四周工作空间的大小。在编辑图像时，用户可以通过改变图像画布的大小来对图像进行裁剪或在图像四周增加空白区域。

⊕**1** 打开本书配套光盘"素材与实例\Ph3"文件夹中的"03.jpg"文件，下面，我们利用"画布大小"命令将右侧的男孩裁切掉，以突出穿黄衣服的女孩。

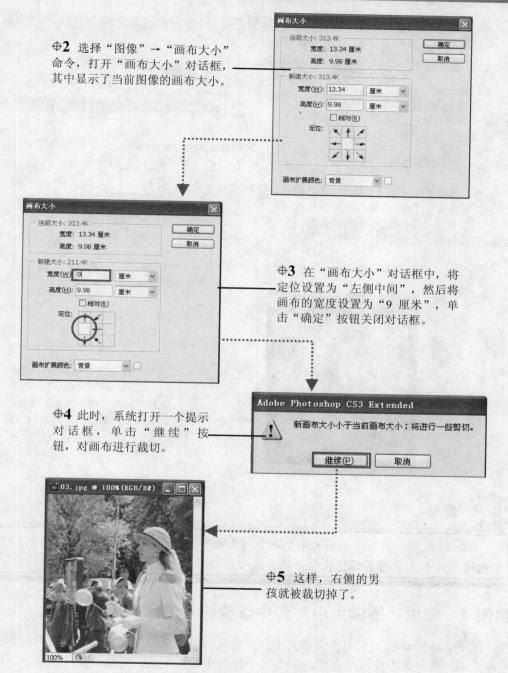

2 选择"图像"→"画布大小"命令，打开"画布大小"对话框，其中显示了当前图像的画布大小。

3 在"画布大小"对话框中，将定位设置为"左侧中间"，然后将画布的宽度设置为"9 厘米"，单击"确定"按钮关闭对话框。

4 此时，系统打开一个提示对话框，单击"继续"按钮，对画布进行裁切。

5 这样，右侧的男孩就被裁切掉了。

"画布大小"对话框中部分参数的含义分别如下。

- **当前大小**：显示当前图像的画布大小，默认与图像的实际宽度和高度相同。
- **新建大小**：在该设置区中可以更改画布的宽度和高度值，更改后在"定位"设置区中单击某个定位方块，可以确定图像在新画布中的位置。在"定位"设置区中可以设置调整画布后的图像居中、偏左、偏右、偏上等位置。
- **画布扩展颜色**：如果增加图像的画布大小，可以在该下拉列表框中选择新增画布

的填充颜色(前景、背景、白色和黑色等)；也可单击其右侧的色块，利用打开的
"拾色器"对话框来设置扩展颜色。

如果继续使用"画布大小"命令增加图像画布大小，可执行如下操作。

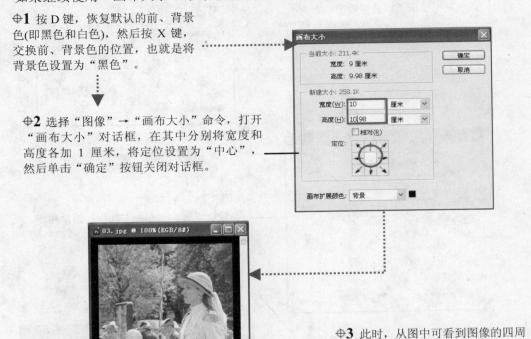

✥**1** 按 D 键，恢复默认的前、背景
色(即黑色和白色)，然后按 X 键，
交换前、背景色的位置，也就是将
背景色设置为"黑色"。

✥**2** 选择"图像"→"画布大小"命令，打开
"画布大小"对话框，在其中分别将宽度和
高度各加 1 厘米，将定位设置为"中心"，
然后单击"确定"按钮关闭对话框。

✥**3** 此时，从图中可看到图像的四周
被增加了以黑色填充的空白区域。

提示

默认情况下，利用"画布大小"命令增大画布后，背景图层的扩展部分将以当前背
景色填充，而其他图层的扩展部分将为透明区。

实例 4 使用"图像大小"命令改变照片的尺寸

在 Photoshop 中，利用"图像大小"命令可以改变照片的尺寸，以使用户得到所需的
照片大小。图像大小与前面介绍的画布大小是两个截然不同的概念，默认状态下，这两个
尺寸是相等的。但是，当调整图像大小时，图像会被相应地放大或缩小；而改变画布大小
时，图像本身却不会被缩放，只是相应地裁切了部分图像。

下面，我们利用"图像大小"命令来改变照片的尺寸，并结合"画布大小"命令来制
作一张一寸免冠照片。

✛1 打开本书配套光盘"素材与实例\Ph3"文件夹中的"04.jpg"文件，下面我们将其制作成一张一寸免冠照片。

✛2 选择"图像"→"图像大小"命令，打开"图像大小"对话框，其中显示了当前图像的像素大小、文档大小等参数。

✛3 在"图像大小"对话框中，取消选中"重定图像像素"复选框，确保宽度、高度缩放比例保持不变，然后将分辨率增加到"300 像素/英寸"。这时，你会发现图像并未发生任何变化。

✛4 暂不关闭"图像大小"对话框，选中"重定图像像素"和"约束比例"复选框，然后将"文档大小"选项组中的高度设置为"3.5 厘米"，这时你会发现宽度也随之发生变化。

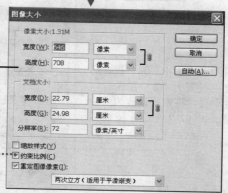

快乐学电脑

39

＠5 设置好参数后，单击"确定"按钮关闭"图像大小"对话框，此时你会发现图像被缩小了。

＠6 打开"画布大小"对话框，将画布的宽度设置为"2.5 厘米"，高度保持不变，将定位设置为"中心"，然后单击"确定"按钮裁切图像。

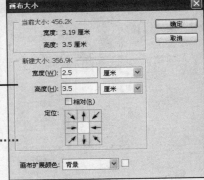

＠7 按 D 键将前、背景色设置为"黑色"、"白色"。重新打开"画布大小"对话框，然后分别将宽度和高度增加 0.2 厘米，将定位设置为"中心"，单击"确定"按钮在画布的四周增加白色区域。这样，一寸免冠照片就做好了。

"图像大小"对话框中部分参数的含义如下。

- **像素大小**：显示图像的宽度和高度，它决定了图像在屏幕上的显示尺寸。
- **文档大小**：用来决定图像输出打印时的实际尺寸和分辨率大小。
- **缩放样式**：如果图像中包含应用了样式的图层，则应选中该复选框，这样在调整图像的同时将缩放样式，以免改变图像效果。但只有选中"约束比例"复选框后，该复选框才被激活。
- **约束比例**：选中该复选框时，"宽度"和"高度"选项后会出现🔗标志，表示系统已将图像的长、宽比例锁定。当修改其中的某一项时，系统会自动更改另一项，使图像的比例保持不变。
- **重定图像像素**：若选中该复选框，更改图像的分辨率时图像的显示尺寸会相应改

变，而打印尺寸不变；若取消选中该复选框，则更改图像的分辨率时图像的打印
尺寸会相应改变，而显示尺寸不变。

提示

从上例中可以看出，利用"图像大小"命令调整图像大小后，不但会影响图像在屏幕上的显示大小，还会影响图像的质量以及打印尺寸和分辨率。

实例5　使用"镜头校正"滤镜校正照片

由于拍摄条件的限制，可能会造成照片的失真、变形，如桶形和枕形失真现象，对于修复这类照片，我们需要用"镜头校正"滤镜功能来纠正。但是该滤镜只适用于 RGB 模式的图像。

照片的桶形和枕形失真是由相机镜头引起的画面鼓起或凹陷现象，这些现象主要存在于使用具有变焦功能的袖珍数码相机拍摄的照片中。

枕形失真　　　　　　　　　正常　　　　　　　　　桶形失真

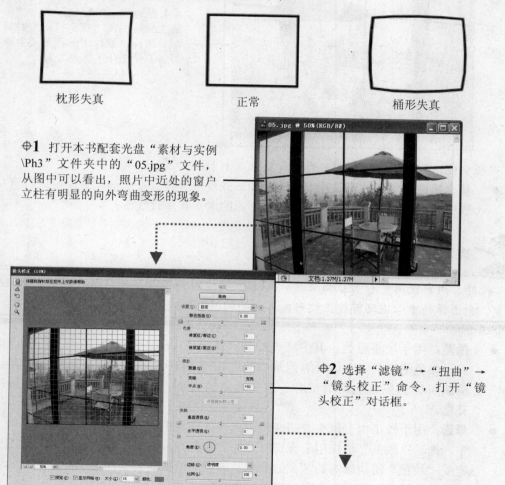

⊕1 打开本书配套光盘"素材与实例 \Ph3"文件夹中的"05.jpg"文件，从图中可以看出，照片中近处的窗户立柱有明显的向外弯曲变形的现象。

⊕2 选择"滤镜"→"扭曲"→"镜头校正"命令，打开"镜头校正"对话框。

⊕**3** 在"镜头校正"对话框中设置
"移去扭曲"为+6.00，在"变换"
选项组中将"边缘"设置为"边缘扩
展"，在"晕影"选项组中将"数
量"设置为+16，此时，从预览窗口
中即可看到立柱被拉直了。

⊕**4** 得到满意的效果后，单击"确
定"按钮关闭"镜头校正"对话
框。这样，照片中的变形现象就
得到了有效的矫正。

"镜头校正"对话框中各项参数的意义分别如下。

- **移去扭曲**：用于校正照片中的镜头桶形或枕形失真。左右拖动滑块可以拉直从图
像中心向外弯曲，或者向图像中心弯曲的水平和垂直线条。

提示

> 此外，用户使用"移去扭曲工具" 🖳 在预览窗口中直接拖动鼠标也可进行校正。
> 其中，向图像的中心拖动可校正枕形失真，而朝图像的边缘拖动可校正桶形失真。

- **色差**：用于校正色边。其中通过拖动"修复红/青边"滑块可以调整红色通道相
对于绿色通道的大小，针对照片中的红/青色边进行补偿；拖动"修复蓝/黄边"
滑块可以调整蓝色通道相对于绿色通道的大小，针对照片中的蓝/黄色边进行
补偿。
- **晕影**：用于校正由于镜头缺陷或镜头遮光处理不正确而导致边缘较暗的图像。其
中，拖动"数量"滑块用于设置沿图像边缘变亮或变暗的程度。"中点"用于指
定受"数量"滑块影响的区域的宽度，该项的值如果设置得较小，则影响的图像
区域就会越多，否则只会影响图像的边缘。

- **垂直透视**：用于校正由于相机向上或向下倾斜而导致的图像透视，左右拖动滑块可以使图像中的垂直线平行。
- **水平透视**：用于校正图像中的透视现象，并使图像中的水平线平行。
- **角度**：用于旋转图像以针对相机歪斜加以校正，或者在校正透视后对图像进行调整。

提示

> 利用"镜头校正"对话框左侧工具箱中的"拉直工具" 也可以进行角度校正。其使用方法很简单，用户只需在预览窗口中沿图像中要作为横轴或纵轴的直线拖动即可。

- **边缘**：用于指定调整枕形失真、旋转或透视校正后，图像四周产生的空白区域。其中，可使用透明、某种颜色(背景色)填充空白区域，也可以使用图像本身的边缘像素向外扩展。
- **比例**：主要用于移去由于枕形失真、旋转或透视校正而产生的图像空白区域。向左拖动滑块可将图像缩小，向右拖动滑块可将图像放大，而图像的像素大小不会发生变化。

3.2　修饰照片的基础性工作——图像选取

图像选取是指利用 Photoshop 提供的各种工具、命令选取照片中的部分区域，以便用户对该区域进行单独编辑，而不影响其他区域。

实例 6　用套索工具制作选区并修饰图像

在 Photoshop 中，系统提供了 3 种套索工具："套索工具" 、"多边形套索工具" 和"磁性套索工具" ，其作用分别如下。

- **"套索工具"** ：利用该工具可以创建任意形状的选区。
- **"多边形套索工具"** ：利用该工具可以创建边缘多呈直线的选区，如三角形、五角星等多边形选区。
- **"磁性套索工具"** ：利用该工具可以快速选择与背景对比强烈且边缘复杂的对象。

下面，我们分别利用这 3 种套索工具选取人物图像的部分区域，然后分别为人物图像染发、为衣服添加图案和更改唇彩颜色，具体操作步骤如下。

⊕1 打开本书配套光盘"素材与实例
\Ph3"文件夹中的"06.jpg"文件，下
面先用"套索工具" ⚬ 选取人物嘴
唇，然后再为人物更改唇彩颜色。

⊕2 选择工具箱中的"缩放工
具" 🔍，然后将鼠标指针移至人
物嘴唇区域，按下鼠标左键并拖
动绘制矩形区域，释放鼠标后将
嘴唇区域放大至充满窗口。

提示

　　选择"缩放工具" 🔍 后，将鼠标指针移至图像窗口中，此时指针呈 🔍 状，单击即
可将图像放大一倍显示；若按住 Alt 键不放，此时指针呈 🔍 状，在图像窗口中单击，可
将图像缩小 1/2 显示；按 Ctrl+ + 或 Ctrl+ - 组合键可快速放大或缩小图像。

⊕3 选择"套索工具" ⚬，然
后将鼠标指针移至右嘴角，按
下鼠标左键并沿嘴唇的外边缘
拖动鼠标，绕嘴唇一周返回起
点，释放鼠标后，系统会自动
生成一个封闭的区域。

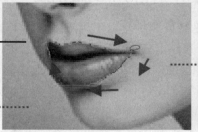

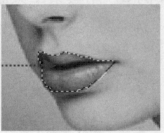

提示

　　利用"套索工具" ⚬ 绘制选区时，若按 Esc 键可取消正在创建的选区；若鼠标未
拖至起点，释放鼠标后，系统会自动用直线将起点和终点连接，形成一个封闭的选区。

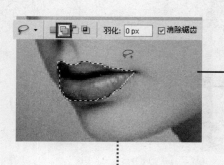

⊕**4** 单击"套索工具" ⊘工具属性栏中的"添加到选区"按钮⊡，然后将未选中的嘴唇图像添加到选区。

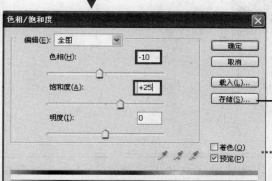

⊕**5** 为方便观察图像的编辑效果，可选择"视图"→"显示"→"选区边缘"命令，或者按 Ctrl+H 组合键，隐藏选区边缘。

⊕**6** 选择"图像"→"调整"→"色相/饱和度"命令，打开"色相/饱和度"对话框，在其中设置"色相"为-10，"饱和度"为+25，其他参数保持默认。

⊕**7** 设置好参数后，单击"确定"按钮，关闭"色相/饱和度"对话框。此时，人物的唇彩颜色更鲜艳了。

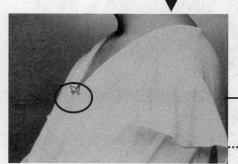

⊕**8** 选择"多边形套索工具" ⊠，然后将光标移至人物胸前领口处，单击以确定选区的起点。

⊕**9** 将鼠标指针移至领口右侧向上一点，单击定义一条边线，然后沿人物的衣服边缘拖动鼠标并每隔一段距离单击一次，直至鼠标指针返回选区起点。此时指针呈 形状，单击形成一个封闭的选区，然后按 Ctrl+H 组合键，隐藏选区边缘。

提示

在使用"多边形套索工具" 制作选区时，双击可将起点与终点自动连接；按 Shift 键，可按水平、垂直或 45° 角方向定义边线；按 Alt 键，可切换为"套索工具" ；按 Delete 键，可取消最近定义的边线；按住 Delete 键不放，可取消所有定义的边线，这与按 Esc 键的功能相同。

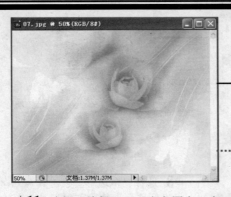

⊕**10** 打开本书配套光盘"素材与实例 \Ph3"文件夹中的"07.jpg"文件，下面我们要将该图片定义为图案样本。

⊕**11** 选择"编辑"→"定义图案"命令，打开"图案名称"对话框，不做任何设置，单击"确定"按钮，将整幅图片定义为图案。

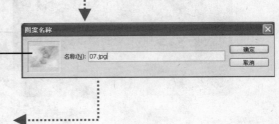

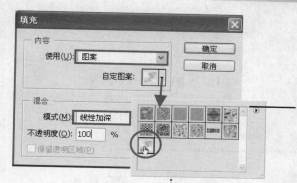

⊕**12** 将"06.jpg"文件设置为当前窗口，选择"编辑"→"填充"命令，打开"填充"对话框，在"使用"下拉列表框中选择"图案"，在"自定图案"下拉列表框中选择前面定义的图案，然后设置"模式"为"线性加深"，其他参数保持默认。

⊕**13** 设置好参数后，单击"确定"按钮关闭"填充"对话框，此时，可看到人物的衣服被填充了自定义的图案。

⊕**14** 选择"磁性套索工具" 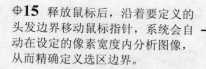，然后将鼠标指针移至头发左侧边缘，单击定义选区的起点。

⊕**15** 释放鼠标后，沿着要定义的头发边界移动鼠标指针，系统会自动在设定的像素宽度内分析图像，从而精确定义选区边界。

快乐学电脑

⊕**16** 当鼠标指针移至起点附近时，指针呈 形状，此时单击即可完成选取。然后按 Ctrl+H 组合键，隐藏选区边缘。

⊕**17** 选择"选择"→"修改"→"羽化"命令，打开"羽化选区"对话框，在其中设置"羽化半径"为 3，然后单击"确定"按钮将选区羽化。

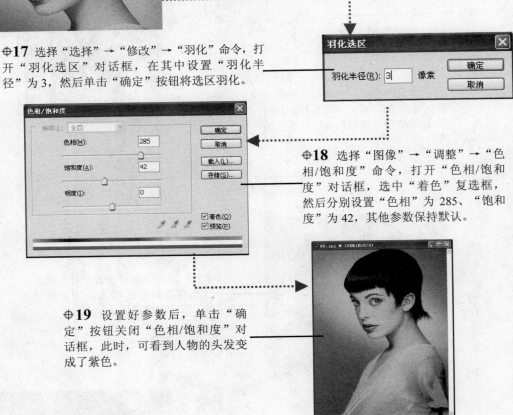

⊕**18** 选择"图像"→"调整"→"色相/饱和度"命令，打开"色相/饱和度"对话框，选中"着色"复选框，然后分别设置"色相"为 285、"饱和度"为 42，其他参数保持默认。

⊕**19** 设置好参数后，单击"确定"按钮关闭"色相/饱和度"对话框，此时，可看到人物的头发变成了紫色。

3 个套索工具的工具属性栏中的属性基本相同，这里以"磁性套索工具" 为例，来介绍工具属性栏中各选项的意义。

- **选区运算按钮** ：用于控制选区的增减与相交。单击"新选区"按钮 ，表示在图像中创建新选区后，原选区将被取消；单击"添加到选区"按钮 ，表示创建的选区与原有选区合并成新选区；单击"从选区中减去"按钮 ，表示创建的选区与原有选区有重叠区域，系统将从原有选区中减去重叠区域而成为新选区；单击"与选区交叉"按钮 ，表示创建的选区与原有选区的重叠部分成为新选区。
- **羽化**：用于设置选区边缘的羽化效果，取值范围在 0～250 像素之间。羽化是指

通过建立选区和选区周围像素之间的转换边界来模糊边缘。羽化值越大，选区的边缘越柔和。

羽化值为 0　　　　　　　　　羽化值为 5 像素　　　　　　　羽化值为 10 像素

- **消除锯齿**：该选项只有在选择了"椭圆选框工具" 后才有效。因为构成图像的像素点是方形的，所以在编辑修改弧形边缘的图像时，其边缘会产生锯齿效果。选中该复选框，创建选区后，可以通过淡化边缘每个像素与背景像素间的颜色过渡，使锯齿状边缘变得平滑。

选中"消除锯齿"复选框后，填充选区得到的图像边缘很平滑

取消选中"消除锯齿"复选框后，填充选区得到的图像边缘出现了锯齿

- **宽度**：用于设置选取时检测到的边缘宽度，其值在 1～256 像素，值越小，检测范围就越小。
- **对比度**：用来设置套索的敏感度，其值在 1%～100%，值越大，对比度越大，边界定位也就越准确。
- **频率**：用于设置定义边界时的节点数，其值可在 0～100，值越大，产生的节点也就越多。
- **"钢笔压力"** ：设置绘图板的笔刷压力，该参数仅在安装了绘图板驱动程序后才可用。
- **"调整边缘"按钮**：创建选区后，该按钮即被激活，单击它可打开"调整边缘"对话框。在该对话框中可以控制选区边缘的羽化大小、选区内的图像的对比度、选区边缘的平滑度，以及调整选区的大小等参数。另外，还可利用对话框中的 5 种模式来浏览选区内的图像的效果。

用于改善包含柔化过渡或细节区域中的边缘

平滑可以消除选区边缘的锯齿现象

创建选区后，用"羽化"可设置选区羽化效果

预览模式

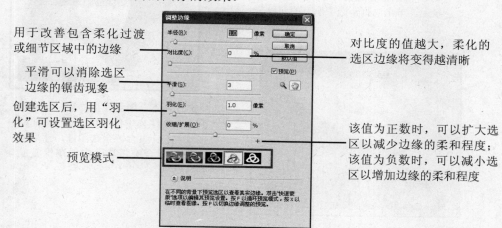

对比度的值越大，柔化的选区边缘将变得越清晰

该值为正数时，可以扩大选区以减少边缘的柔和程度；该值为负数时，可以减小选区以增加边缘的柔和程度

实例7　用"魔棒工具"选取颜色相近的区域——为人物更换背景

利用"魔棒工具"  可以选取图像中颜色相近或相似的区域，而不必跟踪其轮廓。它通常用于选择颜色比较单一的图像。下面，利用"魔棒工具" 快速选取照片的背景图像并将其更换。

⊕1 打开本书配套光盘"素材与实例\Ph3"文件夹中的"08.jpg"文件，下面先利用"魔棒工具"选取白色背景。

⊕2 选择工具箱中的"魔棒工具"，然后在其工具属性栏中单击"添加到选区"按钮，其他选项保持默认。

⊕3 将鼠标指针移至图像窗口中的白色背景上，单击，可以将与单击处颜色相近且相连的区域选中。

⊕4 将鼠标指针移至其他白色背景上，单击，直至选中所有的白色背景。

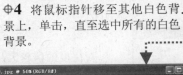

⊕5 打开本书配套光盘"素材与实例\Ph3"文件夹中的"09.jpg"文件，按 Ctrl+A 组合键全选图像，然后按 Ctrl+C 组合键将选区内的图像复制到剪贴板。

6 切换到"08.jpg"图像窗口，选择"编辑"→"贴入"命令，将剪贴板中的内容粘贴到人物图像的选区内。这样，背景就换好了。

提示

"贴入"命令是将剪切或复制的选区内的图像粘贴到同一图像或其他图像的另一个选区内，此时系统会生成一个带普通蒙版的新图层。有关蒙版的相关内容，详见第 7 章。

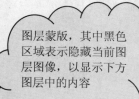

图层蒙版，其中黑色区域表示隐藏当前图层图像，以显示下方图层中的内容

"魔棒工具"属性栏中部分选项的意义如下。

- **容差：**用于设置选取的颜色范围，其值在 0～255 之间。该值越小，选取的颜色越接近；该值越大，选取的颜色范围也就越大。
- **连续：**选中该复选框，只能选择色彩相近的连续区域；不选中该复选框，则可选择图像上所有色彩相近的区域。

同一单击点　　　未选中"连续"复选框的选取结果　选中"连续"复选框的选取结果

- **对所有图层取样：**选中该复选框，可以在所有可见图层中选取相近的颜色；不选中该复选框，则只能在当前可见图层中选取颜色。

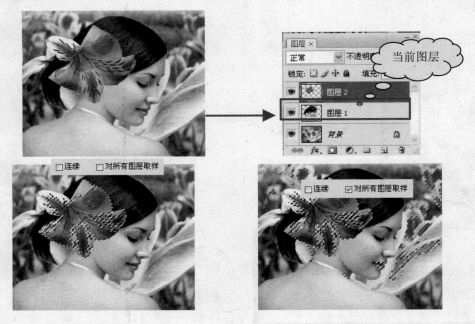

只在当前图层中选取相似区域　　　　　在所有图层中选取相似区域

实例8　用"色彩范围"命令快速选取颜色相近的区域——快速换装

利用"色彩范围"命令可以在图像中按照指定的颜色来定义选择区域，也可以通过指定其他颜色来增加或减少选区。下面，利用该命令快速选择人物的衣服，并为其改变颜色。

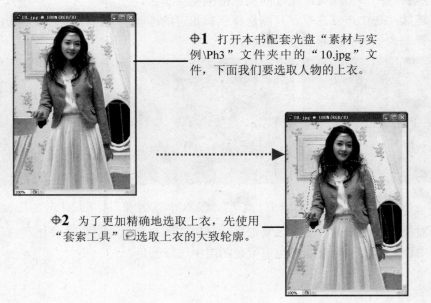

⊕1 打开本书配套光盘"素材与实例\Ph3"文件夹中的"10.jpg"文件，下面我们要选取人物的上衣。

⊕2 为了更加精确地选取上衣，先使用"套索工具" ⬚ 选取上衣的大致轮廓。

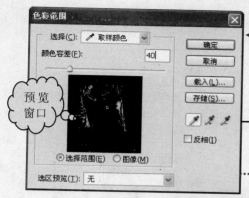

预览窗口

3 选择"选择"→"色彩范围"命令，打开"色彩范围"对话框。

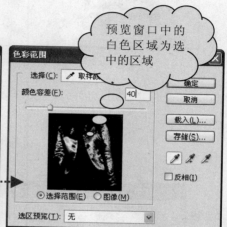

预览窗口中的白色区域为选中的区域

4 将鼠标指针移至人物上衣处，单击，确定取样颜色，此时被选中的范围已经显示在"色彩范围"对话框中了。

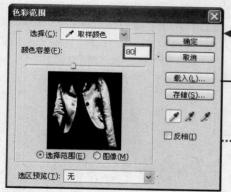

5 在"色彩范围"对话框中设置"颜色容差"为 80，此时可看到预览窗口中的白色区域扩大了。

6 单击"色彩范围"对话框中的"添加到取样"按钮，然后在没有变成白色的上衣处(即未选中的区域)继续单击，增加取样颜色，直至预览窗口中的上衣变成白色。

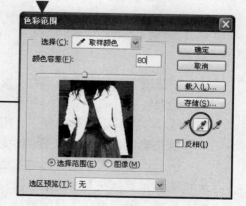

快乐学电脑

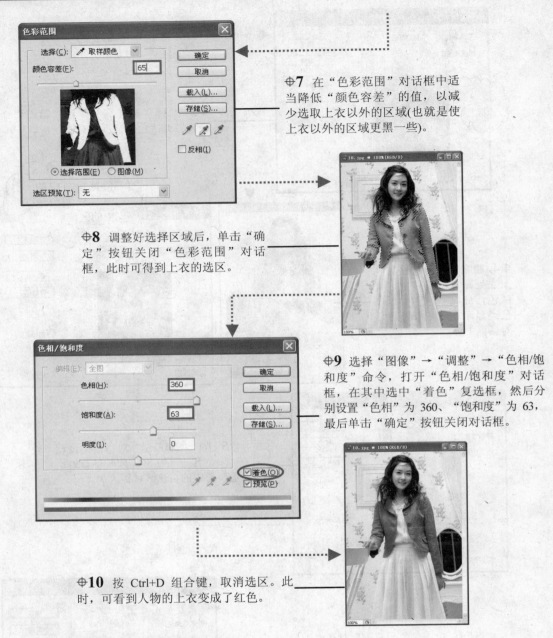

⊕**7** 在"色彩范围"对话框中适当降低"颜色容差"的值，以减少选取上衣以外的区域(也就是使上衣以外的区域更黑一些)。

⊕**8** 调整好选择区域后，单击"确定"按钮关闭"色彩范围"对话框，此时可得到上衣的选区。

⊕**9** 选择"图像"→"调整"→"色相/饱和度"命令，打开"色相/饱和度"对话框，在其中选中"着色"复选框，然后分别设置"色相"为360、"饱和度"为63，最后单击"确定"按钮关闭对话框。

⊕**10** 按 Ctrl+D 组合键，取消选区。此时，可看到人物的上衣变成了红色。

"色彩范围"对话框中各参数的意义如下。

- **选择**：在其右侧的下拉列表框中可以选择选区的定义方式，默认为"取样颜色"选项。在其下拉列表框中，用户还可以根据某种颜色或色调来定义选区。
- **颜色容差**：当选择设置为"取样颜色"时，拖动该滑块可以调整颜色的选取范围。该值越大，选取的颜色范围越广。
- **选区预览**：在其右侧的下拉列表框中可以选择预览窗口中图像的显示方式。
- **反相**：用于反向选择区域。
- **按钮**：按钮用于颜色取样，与按钮用于增加或减少选取的颜色范围。

- **"载入"和"存储"按钮**：分别用于载入或保存"色彩范围"对话框中的设置。

实例 9 用快速蒙版模式精确制作选区——制作贺卡

当图像中的背景色较复杂，并且无法使用套索工具、"魔棒工具"选取时，可以考虑使用快速蒙版模式选取。在快速蒙版模式下，用户可使用"画笔工具" ✐、"橡皮擦工具" ✐等来编辑蒙版，然后将蒙版转换为选区即可。

利用快速蒙版模式创建选区主要有如下两个优点。

- 由于用户可使用各种绘画和修饰工具编辑蒙版，因此，用户可利用它来制作任意形状的选区。特别是在图像非常复杂时，这种方法更有效。
- 由于蒙版本身包含了透明度信息，因此，利用这种方法可获取各种形式的羽化效果，从而制作出一些令人意想不到的效果。

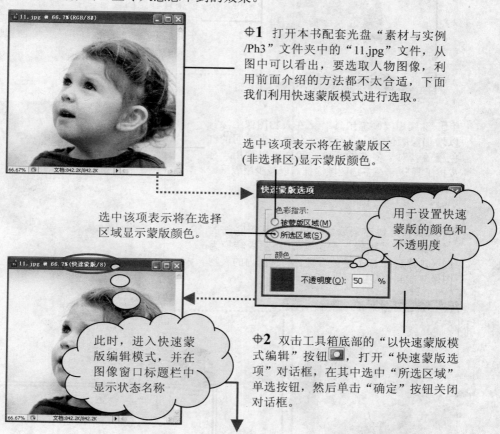

⊕1 打开本书配套光盘"素材与实例/Ph3"文件夹中的"11.jpg"文件，从图中可以看出，要选取人物图像，利用前面介绍的方法都不太合适，下面我们利用快速蒙版模式进行选取。

选中该项表示将在被蒙版区(非选择区)显示蒙版颜色。

选中该项表示将在选择区域显示蒙版颜色。

用于设置快速蒙版的颜色和不透明度

此时，进入快速蒙版编辑模式，并在图像窗口标题栏中显示状态名称

⊕2 双击工具箱底部的"以快速蒙版模式编辑"按钮 ▣，打开"快速蒙版选项"对话框，在其中选中"所选区域"单选按钮，然后单击"确定"按钮关闭对话框。

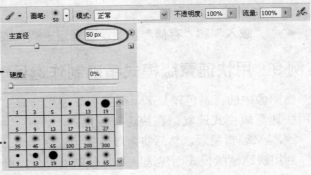

3 按 D 键，恢复默认的前、背景色(黑色和白色)。然后选择"画笔工具" ，在其工具属性栏中设置画笔为"主直径为 50 像素、边缘带发散效果的笔刷"，其他属性保持默认。

4 设置好"画笔工具" 的属性后，将鼠标指针移至图像窗口中，放置在人物头部，按下鼠标左键并拖动，此时从图中可看到人物头部被半透明的红色覆盖，这就是快速蒙版。

5 继续用"画笔工具" 在人物图像上涂抹以增加蒙版区域，直至整个人物被半透明的红色覆盖。对于多选的区域，我们可以使用"橡皮擦工具" 在多选区域涂抹，以减少蒙版区。

6 编辑好快速蒙版后，单击工具箱底部的"以标准模式编辑"按钮 ，将蒙版转换为选区。然后按 Ctrl+C 组合键，将选区内的人物图像复制到剪贴板。

提示

利用"画笔工具" 增加蒙版区域时，在英文输入法状态下，按键盘上的 **]** 或 **[** 键可以调整笔刷的直径。另外，按 X 键，可以交换前、背景色的位置(白色和黑色)；利用"画笔工具" 在多选区域涂抹，可以减少蒙版区。

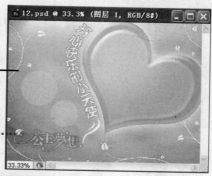

⊕**7**　打开本书配套光盘"素材与实例
\Ph3"文件夹中的"12.psd"文件。

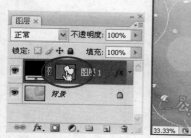

⊕**8**　选择"窗口"→"图层"命令，
或按 F7 键，打开"图层"调板，在
按住 Ctrl 键的同时，单击"图层 1"
右侧的蒙版缩览图，生成心形选区。

⊕**9**　选择"编辑"→"贴入"命令，
或按 Shift+Ctrl+V 组合键，将剪贴板
中的内容粘贴到心形选区内。

⊕**10**　在"图层"调板中，单击"图层
2"的缩览图，然后利用"移动工具"
调整人物图像的位置。这样，一个
简单的贺卡就做好了。

提示

利用快速蒙版制作选区时，在英文输入法状态下，按 Q 键，可以在快速蒙版编辑
模式和标准编辑模式之间相互切换，以便进行更精确的调整。

快乐学电脑

实例10 利用"钢笔工具"精确选取——神奇变脸术

在 Photoshop 中, "钢笔工具" ◎是用于绘制路径(或形状)的, 而路径和选区之间是可以互相转换的。因此, 我们在进行选取时, 可以利用"钢笔工具" ◎沿着要选取的图像边缘绘制路径, 然后将路径转换为选区即可。

⊕**1** 打开本书配套光盘"素材与实例\Ph3"文件夹中的"13.jpg"文件, 下面, 我们要利用"钢笔工具" ◎选取人物的脸部图像, 然后将其与其他人物图像进行合成。

⊕**2** 选择"钢笔工具" ◎, 在其工具属性栏中单击"路径"按钮 ▨, 其他属性保持系统默认。

⊕**3** 设置好"钢笔工具" ◎的属性后, 将鼠标指针移至人物图像的下巴处, 按下鼠标左键并拖动, 创建一个带控制柄的平滑锚点。

⊕**4** 将鼠标指针移至下一点, 按下鼠标左键并拖动, 再创建一个新锚点, 此时 Photoshop 可自动将两个锚点连接成一条线进行路径绘制。

创建一个锚点后，按键盘上的 →、←、↑ 和 ↓ 键，可以移动锚点的位置，或者按住 Ctrl 键，用鼠标拖动锚点

⊕**5** 按住 Ctrl 键的同时，单击并拖动第二个锚点左侧的控制柄，调整两锚点间连接线的弯曲度，使其与人物下巴的边缘相吻合。

⊕**6** 继续沿着人物的脸部边缘(包括头发)绘制路径，沿头部绕一圈后，返回路径的起点，然后单击第一个路径锚点，形成一个封闭的路径。

⊕**7** 按 Ctrl+Enter 组合键，将路径转换为选区，然后按 Ctrl+C 组合键，将选区内的图像复制到剪贴板中。

快乐学电脑

⊕8 打开本书配套光盘"素材与实例 \Ph3"文件夹中的"14.jpg"文件，按 Ctrl+V 组合键，将剪贴板中的内容粘贴到该文件窗口中。

⊕9 选择"编辑"→"自由变换"命令，在脸部的四周即可显示自由变形框，然后在按住 Shift 键的同时，拖动变形框四周的控制点，将脸部图像缩小至与下方人物脸部相似大小。

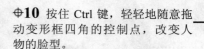

⊕10 按住 Ctrl 键，轻轻地随意拖动变形框四角的控制点，改变人物的脸型。

⊕11 调整至满意效果后，按 Enter 键，确认变形操作。下面，我们进一步修饰头发区域。

⊕**12** 选择工具箱中的"橡皮擦工具" 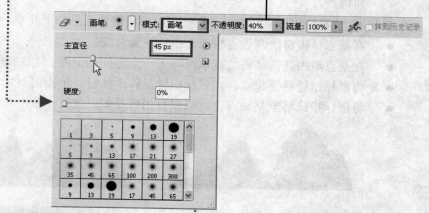，在其工具属性栏中设置画笔为"主直径为 45、像素边缘带发散效果的笔刷"，"模式"为"画笔"，"不透明度"为 40%，其他属性保持默认。

⊕**13** 设置好笔刷的属性后，将鼠标指针移至人物的头发上，按下鼠标左键并小心地涂抹，将多余的头发擦除，使其与帽子图像自然地融合。这样，一个简单的"变脸术"就完成了。

为方便读者更好地理解和编辑路径，下面我们来介绍路径上锚点的类型：直线、曲线和贝叶斯锚点，其特点分别如下。

直线锚点

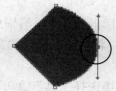

曲线锚点

贝叶斯锚点

- **直线锚点**：该锚点的特点是没有方向控制杆。利用"钢笔工具"  在选定位置单击，即可获得直线锚点。

- **曲线锚点**：用"钢笔工具" 在选定位置单击并拖动即可创建曲线锚点，其特点是锚点两侧存在方向控制柄。虽然两个方向控制柄的长度可以不同，但它们始终在一条直线上。

- **贝叶斯锚点：** 该锚点两侧都有方向控制柄，不但两个方向控制柄的长度可以不同，而且可以不在一条直线上，从而制作"凹"形。但是，用户无法用"钢笔工具" 制作贝叶斯锚点，而只能使用"转换点工具" 将曲线锚点转换为贝叶斯锚点。

在利用"钢笔工具" 绘制路径时，用户还需要注意如下几点。

- 在某点单击将绘制该点与上一点的连接直线。
- 在某点单击并拖动将绘制该点与上一点之间的曲线。
- 将鼠标指针移至起点，当鼠标指针呈 形状时，单击可封闭形状。
- 将鼠标指针移至某锚点上，当鼠标指针呈 形状时，单击可删除锚点。

- 将鼠标指针移至形状上非锚点位置，当鼠标指针呈现 形状时，单击鼠标左键可在该形状上增加锚点；如果单击并拖动，则可调整形状的外观。

- 默认情况下，只有在封闭了当前形状后，才可绘制另一个形状。但是，如果用户希望在未封闭上一形状前绘制新形状，只需按 Esc 键；也可单击"钢笔工具" 或其他工具，此时鼠标指针呈 形状。
- 在绘制路径时，可用 Photoshop 的撤销功能逐步回溯删除所绘线段。
- 将鼠标指针移至形状终点，鼠标指针呈 形状时，单击并拖动可调整形状终点的方向控制线。

- 按住 Alt 键的同时，将鼠标指针移至平滑锚点上，当指标呈 形状时，单击可将平滑锚点转换为直线锚点；将鼠标指针放置在直线锚点上，单击并拖动可将直线锚点转换为平滑锚点。
- 绘制好路径后，利用"直接选择工具" 单击路径，可以显示路径的锚点，单击锚点可显示锚点的方向控制柄。如果单击锚点并拖动，可移动锚点的位置；单击方向控制柄的端点并拖动，可调整形状的外观。

实例 11 利用"抽出"命令选取人物并更换背景

利用"抽出"滤镜可以从背景较复杂的图像中快速分离出某一部分图像，如人物的头发、不规则的山脉、植物和动物等。其提取的结果是将背景图像擦除，只保留选择的图像。若当前是背景图层，则自动将其转换为普通图层。

⊕**1**　打开本书配套光盘"素材与实例\Ph3"文件夹中的"15.jpg"文件，下面我们要利用"抽出"滤镜将其中的人物图像抠取出来。

⊕**2**　选择"滤镜"→"抽出"命令，打开"抽出"对话框。

⊕**3**　在"抽出"对话框的左侧选择"边缘高光器工具" ，在右侧的工具参数设置区设置合适的画笔大小，然后将鼠标指针移至预览窗口中，在要选取的人物图像的边缘按下鼠标左键并拖动，选取大致轮廓。

快乐学电脑

⊕4 利用"边缘高光器工具"
🖌将人物头部右侧的背景区
域用绿轮廓线画出来。

提示

　　在绘制选取框时，一定要使绘制的选取框形成一个封闭区域，否则将无法精确选
取图像。在本例中，人物左侧的选取框与图像的其他三面构成了一个封闭区域，因此
就不必再绘制选取框了。但是，左侧的选取框必须将上部和下部绘制到图像的边缘。
另外，利用"边缘高光器工具"🖌创建选取框时，如果创建的选取框不符合标准，可
使用对话框左侧工具栏中的"橡皮擦工具"🖌进行擦除。

⊕5 选择对话框左侧工具栏中的
"填充工具"🪣，在人物图像
上单击，填充该区域。从图中可
以看出，人物图像被半透明的蓝
色覆盖，这就是要抠取的区域。

⊕6 单击"抽出"对话框右侧的"预
览"按钮，可以在预览窗口中查看图像
的抠取结果。从图中可以看出，被蓝色
覆盖的区域被保留，而其他区域则被
删除。

⊕**7** 如果从预览窗口中看到所选取的图像边缘不太精确，可使用"清除工具" 在预览区单击并拖动，擦拭多余的区域，以使选取更精确。

⊕**8** 如果对选取的结果满意，可单击"抽出"对话框中的"确定"按钮，关闭该对话框。这时，你会发现人物图像已经被抠取出来了。

⊕**9** 打开一幅风景图片，然后利用"移动工具" 将人物图像拖至其中，即可完成背景更换操作。

"抽出"对话框中其他工具与部分选项的意义如下。

- **"橡皮擦工具"** ：用于对选择有误的选取框进行擦除。
- **"填充工具"** ：用于对所选区域填充颜色。
- **"边缘修饰工具"** ：用于编辑抽出图像的轮廓，它能锐化边缘，可累积使用。
- **"抽出"选项区**：该区域主要用于调整抽出的图像边缘的平滑度。
- **"预览"选项区**：在"显示"下拉列表框中可设置抽出图像外的显示方式。选中"显示高度"和"显示填充"复选框，可以显示加亮边界和显示填充颜色。

快乐学电脑

实例12　利用通道抠取树木并更换背景

在本例中，我们要将枝繁叶茂的树木抠取出来，但利用前面介绍的几种方法都不太合适。现在，我们来学习利用通道来抠取。

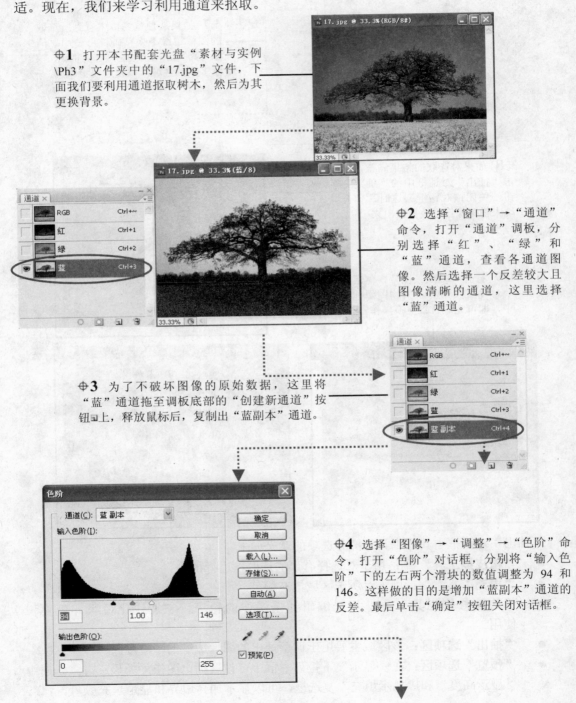

⊕1　打开本书配套光盘"素材与实例\Ph3"文件夹中的"17.jpg"文件，下面我们要利用通道抠取树木，然后为其更换背景。

⊕2　选择"窗口"→"通道"命令，打开"通道"调板，分别选择"红"、"绿"和"蓝"通道，查看各通道图像。然后选择一个反差较大且图像清晰的通道，这里选择"蓝"通道。

⊕3　为了不破坏图像的原始数据，这里将"蓝"通道拖至调板底部的"创建新通道"按钮■上，释放鼠标后，复制出"蓝副本"通道。

⊕4　选择"图像"→"调整"→"色阶"命令，打开"色阶"对话框，分别将"输入色阶"下的左右两个滑块的数值调整为 94 和 146。这样做的目的是增加"蓝副本"通道的反差。最后单击"确定"按钮关闭对话框。

此时，"蓝副本"通道图像的反差加强，变成纯黑白效果

⊕**5** 按 D 键，将前、背景色恢复为黑、白色，然后利用"画笔工具" 🖉 在下方的黑色区域涂抹使其完全变黑。

⊕**6** 单击"通道"调板底部的"将通道作为选区载入"按钮 ◉ ，载入"蓝副本"通道的选区。

⊕**7** 在"通道"调板中，单击 RGB 通道，返回到图像编辑状态。

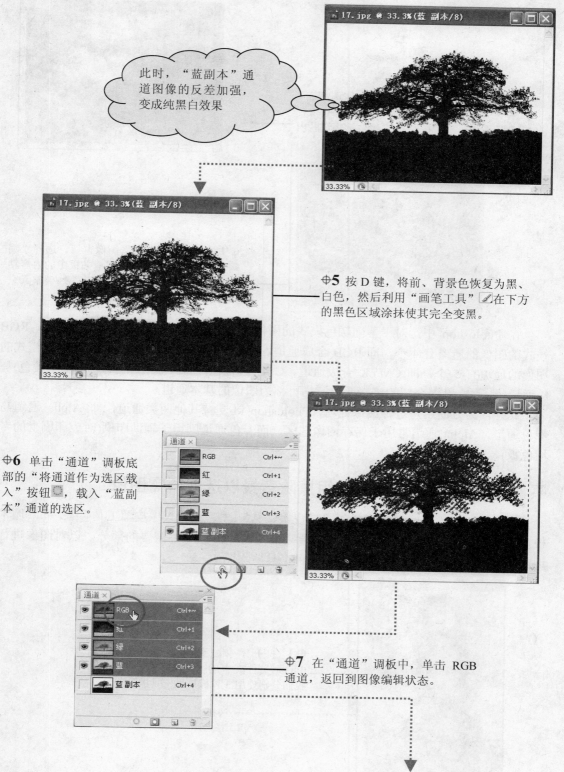

8 打开本书配套光盘"素材与实例\Ph3"文件夹中的"18.jpg"文件，按 Ctrl+A 组合键全选图像，然后按 Ctrl+C 组合键将选区内的图像复制到剪贴板。

9 切换到"17.jpg"图像窗口，选择"编辑"→"贴入"命令，将剪贴板中的内容粘贴到选区内，并用"移动工具" 调整天空图像的位置，这样背景就换好了

在 Photoshop 中，对于不同颜色模式的图像，其通道的表示方法也不同。例如，RGB模式的图像的通道有 4 个，即 RGB 合成通道、R 通道、G 通道和 B 通道；CMYK 模式的图像的通道有 5 个，即 CMYK 合成通道、C 通道(青色)、M 通道(洋红)、Y 通道(黄色)与K 通道(黑色)。以上介绍的这些通道，均可称为图像的基本通道。

此外，为方便用户进行图像处理，Photoshop 还支持其他两类通道，即 Alpha 通道与专色通道。Alpha 通道常用于保存图像选区，而专色通道则用于辅助印刷(对应印刷上的专用色板)。

实例 13　利用橡皮擦工具组擦除背景以选取所需图像

在 Photoshop 中，系统提供了"橡皮擦工具" 、"背景橡皮擦工具" 和"魔术橡皮擦工具" 3 种工具。它们的主要功能是清除图像中不需要的部分，以对图像进行调整、修改。下面，我们分别使用这 3 种工具擦除图像。

1 打开本书配套光盘"素材与实例\Ph3"文件夹中的"19.jpg"文件，下面我们分别使用 3 种橡皮擦工具擦除背景。

⊕**2** 选择"橡皮擦工具"，在其工具属性栏中设置画笔为"主直径为 45、像素边缘带发散效果的笔刷"，其他选项保持默认。

橡皮擦工具的擦除模式，当选择"块"选项时，擦除区域为方块，且此时只能设置"抹到历史记录"选项。

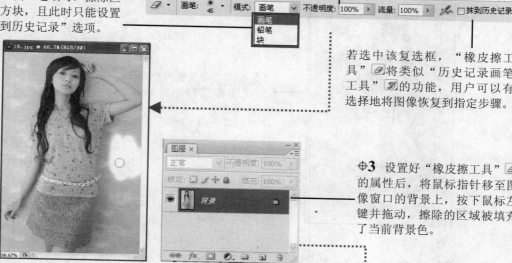

若选中该复选框，"橡皮擦工具"将类似"历史记录画笔工具"的功能，用户可以有选择地将图像恢复到指定步骤。

⊕**3** 设置好"橡皮擦工具"的属性后，将鼠标指针移至图像窗口的背景上，按下鼠标左键并拖动，擦除的区域被填充了当前背景色。

提示

在使用"橡皮擦工具"时，若在背景图层上擦除图像，则擦除的区域被填充背景色；若在普通图层上擦除图像，则擦除的区域变成透明。

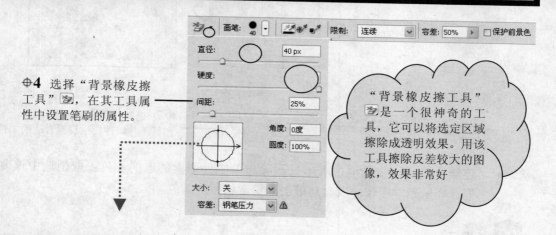

⊕**4** 选择"背景橡皮擦工具"，在其工具属性中设置笔刷的属性。

"背景橡皮擦工具"是一个很神奇的工具，它可以将选定区域擦除成透明效果。用该工具擦除反差较大的图像，效果非常好

● **取样：** 取样包括 3 种取样选项，默认为"连续"，表示擦除时连续取样；如果选择"一次"，表示仅取样单击鼠标时鼠标指针所在位置的颜色，并将该颜色设置为基准颜色；如果选择"背景色板"，则表示将背景色设置为基准颜色。

- **限制**：利用该下拉列表框可设置画笔的限制类型，分别为"不连续"、"连续"与"查找边缘"。
- **容差**：用于设置擦除颜色的范围。该值越小，被擦除的图像颜色与取样颜色越接近。
- **保护前景色**：选中该复选框可以防止具有前景色的图像区域被擦除。

⊕**5** 使用"背景橡皮擦工具" ，在图像窗口的背景上单击，可看到单击的区域变成了透明。

⊕**6** 按 F7 键，打开"图层"调板，从图中可以看到"背景"图层被转换为"图层 0"了。继续用"背景橡皮擦工具" 擦除其他背景图像。

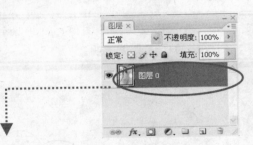

⊕**7** 选择"魔术橡皮擦工具" ，在其工具属性栏中设置合适的属性。

- **连续**：选中该复选框，表示只删除与单击处像素邻近的颜色；取消选中该复选框，表示删除图像中所有与单击处像素相似的颜色。

提示

利用"魔术橡皮擦工具" 可以将图像中颜色相近的区域擦除，它的用法与"魔棒工具" 有些类似，也具有自动分析的功能。

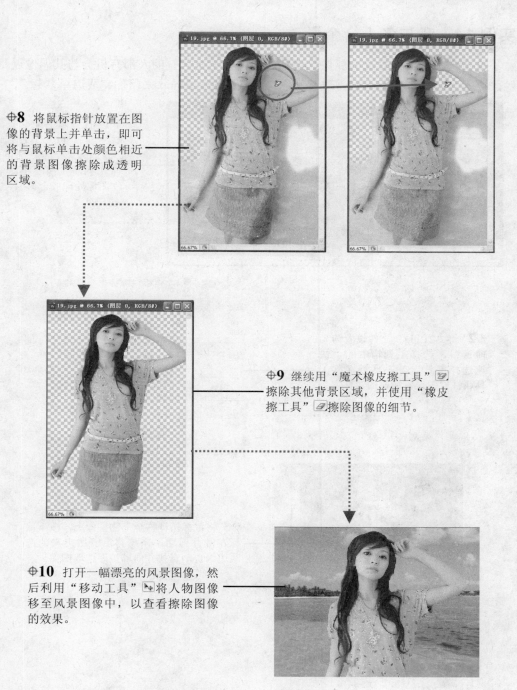

⊕**8** 将鼠标指针放置在图像的背景上并单击，即可将与鼠标单击处颜色相近的背景图像擦除成透明区域。

⊕**9** 继续用"魔术橡皮擦工具" 擦除其他背景区域，并使用"橡皮擦工具" 擦除图像的细节。

⊕**10** 打开一幅漂亮的风景图像，然后利用"移动工具" 将人物图像移至风景图像中，以查看擦除图像的效果。

快
乐
学
电
脑

3.3 选区的灵活运用

在 Photoshop 中，选区是一项非常重要的功能。因此，用户需要熟练掌握并灵活运用选区功能。这样一来，我们就可以轻松地对数码照片随意地移花接木了。

实例 14　我与名人合个影

　　每个人都有自己喜欢的偶像，遗憾的是，并不是所有的人都有机会与其偶像近距离接触，更不会与其合影留念了。现在我们可以使用 Photoshop 来帮你完成追星梦想。

⊕**1**　打开本书配套光盘"素材与实例\Ph3"文件夹中的"21.jpg"和"22.jpg"文件，下面我们要将这两个人物图像处理成合影照。

⊕**2**　将"21.jpg"文件设置为当前窗口，选择工具箱中的"快速选择工具" 🖌️，然后在其工具属性栏中设置笔刷的属性。

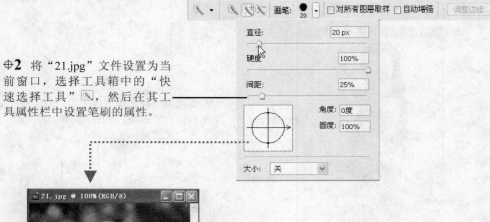

⊕**3**　将鼠标指针移至人物图像上，按下鼠标左键并拖动，系统将沿着所定义的选区边缘自动查找并向外扩展选取图像。

⊕**4** 适当缩小"快速选择工具" ✎ 的笔刷直径，然后小心地将人物的头部区域选中。

⊕**5** 将前景色设置为白色，按 Q 键，进入快速蒙版编辑状态，然后利用"画笔工具" ✐ 小心地将多选的背景区域擦除。

⊕**6** 按 Q 键将快速蒙版转换为选区，然后按 Ctrl+C 组合键，将选区内的人物图像复制到剪贴板。

⊕**7** 切换到"22.jpg"图像窗口中，按 Ctrl+V 组合键将剪贴板中的内容粘贴到该窗口中，并用"移动工具" ⊕ 调整女孩的位置，这样一幅合影照就做好了。

快乐学电脑

"快速选择工具" 属性栏中各选项的意义如下。

- **选区运算按钮** ：该组按钮的功能与选框工具组属性栏中的功能相似。默认状态下为"添加到选区"按钮 。如需要从选区中减去部分，则选择"从选区减去"按钮 ，然后再用鼠标拖过需减去的选区即可。
- **画笔**：单击其右侧的按钮，用户可以从弹出的笔刷下拉面板中设置笔刷的大小、硬度、间距等属性。
- **自动增强**：选中该复选框可以使绘制的选区边缘更平滑。

提示

在利用"快速选择工具" 创建选区时，如果选择了多余的区域，可以适当缩小笔刷大小，然后单击其工具属性栏中的"从选区减去"按钮 ，或者按住 Alt 键，在要删除的区域内拖动鼠标即可减少区域。

实例 15 为人物快速换装又一法

通过为人物照片快速换装，不仅可以改变照片的风格，还能让人耳目一新。下面，我们再来介绍一种快速换装的方法。

❶ 打开本书配套光盘"**素材与实例\Ph3**"文件夹中的"**23.jpg**"文件，然后利用"**套索工具**" 选出人物上衣的大致轮廓。

❷ 选择"**选择**"→"**色彩范围**"命令，打开"**色彩范围**"对话框，利用该命令精确制作上衣的选区。

⊕**3** 将前景色设置为湖蓝色 (#438fcd)，按 F7 键，打开"图层"调板，然后单击调板底部的"创建新图层"按钮☐，新建"图层 1"。

⊕**4** 按 Alt+Delete 组合键，用前景色填充选区，此时人物的上衣被湖蓝色所遮盖。但是人物上衣的折皱几乎看不到，需要进一步处理。

提示

设置好背景色后，按 Ctrl+Delete 组合键可以使用背景色填充选区。

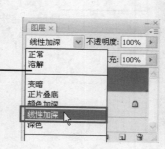

⊕**5** 在"图层"调板中，设置"图层 1"的混合模式为"线性加深"，此时，可看到人物的衣服呈现出深蓝色。这样，一个简单的换装操作就完成了。

提示

混合模式是指图像之间相互叠加的方式，具体介绍详见第 7 章。

实例 16 "自由变换"命令的应用——将人物图像应用于手提袋

在处理数码照片时，利用 Photoshop 提供的"自由变换"命令可以对照片进行自由缩放、扭曲、切变、斜切等自由变形，以使照片能够满足用户所需。下面，我们利用"自由变换"命令将一幅人物照片应用到纸质手提袋上。

⊕**1** 打开本书配套光盘"素材与实例\Ph3"文件夹中的"24.jpg"和"25.psd"文件,并将"24.jpg"文件设置为当前窗口,下面我们要将人物图像复制到手提袋图像中。

⊕**2** 利用"移动工具" ⊞ 将人物图像移至"25.psd"图像窗口中,选择"编辑"→"自由变换"命令,或者按 Ctrl+T 组合键,在人物图像的四周显示自由变形框,然后在图像窗口中右击,从打开的快捷菜单中选择"缩放"命令。

⊕**3** 将鼠标指针置于变形框四角的任意控制柄上,在按住 Shift 键的同时,按下鼠标左键并向图像内部拖动,将人物图像缩小至与手提袋相似大小。

⊕**4** 在图像窗口中再次右击,从打开的快捷菜单中选择"扭曲"命令。

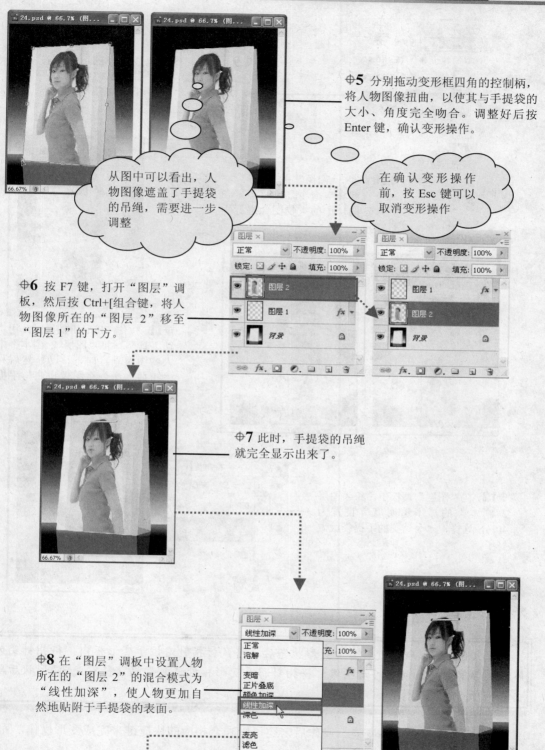

⊕**5** 分别拖动变形框四角的控制柄，将人物图像扭曲，以使其与手提袋的大小、角度完全吻合。调整好后按 Enter 键，确认变形操作。

从图中可以看出，人物图像遮盖了手提袋的吊绳，需要进一步调整

在确认变形操作前，按 Esc 键可以取消变形操作

⊕**6** 按 F7 键，打开"图层"调板，然后按 Ctrl+[组合键，将人物图像所在的"图层 2"移至"图层 1"的下方。

⊕**7** 此时，手提袋的吊绳就完全显示出来了。

⊕**8** 在"图层"调板中设置人物所在的"图层 2"的混合模式为"线性加深"，使人物更加自然地贴附于手提袋的表面。

快
乐
学
电
脑

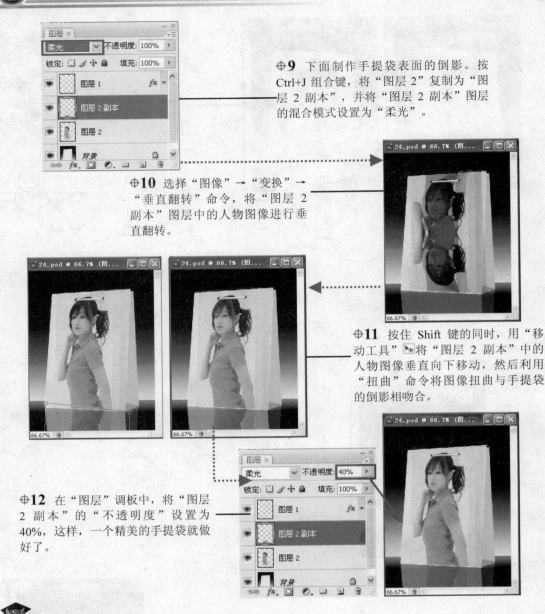

⊕**9** 下面制作手提袋表面的倒影。按 Ctrl+J 组合键，将"图层 2"复制为"图层 2 副本"，并将"图层 2 副本"图层的混合模式设置为"柔光"。

⊕**10** 选择"图像"→"变换"→"垂直翻转"命令，将"图层 2 副本"图层中的人物图像进行垂直翻转。

⊕**11** 按住 Shift 键的同时，用"移动工具"将"图层 2 副本"中的人物图像垂直向下移动，然后利用"扭曲"命令将图像扭曲与手提袋的倒影相吻合。

⊕**12** 在"图层"调板中，将"图层 2 副本"的"不透明度"设置为 40%，这样，一个精美的手提袋就做好了。

提示

按 Ctrl+T 组合键进入自由变形状态后，将鼠标指针定位于变形框内，待指针变为 ▶ 形状后单击并拖动可移动图像；将指针移至变形框外任意位置，待它变为 ↻ 形状后单击并拖动可旋转图像。

在对图像执行"自由变换"操作后，还可以配合相应的快捷键来完成变形操作，而不必再选择相应的命令。

● **自由变形：** 按住 Ctrl 键并拖动某一控制点可以进行自由变形调整。
● **对称变形：** 按住 Alt 键并拖动某一控制点可以进行对称变形调整。

- **等比例缩放：**按住 Shift 键并拖动某一控制点可以进行按比例缩放调整。
- **斜切：**按住 Ctrl＋Shift 组合键并拖动某一控制点可以进行斜切调整。
- **透视：**按住 Ctrl＋Alt＋Shift 组合键并拖动某一控制点可以进行透视效果调整。

提示

创建好选区后，选择"选择"→"变换选区"命令，待选区的四周显示自由变形框后，可以使用"自由变换"或"变换"命令来变形选区，其操作方法与变换图像类似，只是两者的操作对象不同。

实例 17　利用"变形"命令将人物应用于立体模型

利用 Photoshop 提供的"变形"命令可以很轻松地将平面图像应用到立体模型图像上，并可根据模型的形状来调整图像，以使图像与模型自然、逼真地融为一体。

⊕**1**　打开本书配套光盘"素材与实例\Ph3"文件夹中的"26.jpg"和"27.jpg"文件，下面我们要将人物图像贴附于茶杯的侧面。

⊕**2**　选择工具箱中的"矩形选框工具▢"，然后将鼠标指针移至"27.jpg"图像窗口中的左上角，按住鼠标左键向右下角拖曳，释放鼠标后即可创建一个矩形选区。按 Ctrl+C 组合键，将选区内的人物图像复制到剪贴板。

⊕**3**　切换到"26.jpg"图像窗口中，按 Ctrl+V 组合键，将剪贴板中的内部粘贴到该窗口中。

⊕**4** 按 F7 键，打开"图层"调板，然后将人物所在的"图层 1"的混合模式设置为"正片叠底"。

⊕**5** 利用"自由变换"命令将人物图像按比例缩小，使其宽度与茶杯身等宽。调整完毕后，暂不确认变形操作。

⊕**6** 按住 Ctrl 键的同时，分别拖动变形框四角的控制柄，对人物图像进行扭曲，使其与茶杯身形一致，然后按 Enter键，确定变形操作。

⊕**7** 选择"编辑"→"变换"→"变形"命令，在人物图像的四周即可显示自由变形网格。

⊕**8** 将鼠标指针置于变形网格的上边缘，按下鼠标左键并稍向下拖动，可看到图像的上边缘向下弯曲了。

⊕**9** 将变形网格的下边缘稍向下拖动，调整图像底边的弧度与茶杯底边相似。调整时可以拖动左右两侧控制柄的长度和角度。

变形网格的控制柄

⊕**10** 调整至满意效果后，按 Enter键，确认变形操作。此时，可看到人物图像几乎与茶杯融为一体。

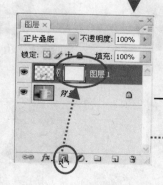

⊕**11** 单击"图层"调板底部的"添加图层蒙版"按钮，为"图层1"添加一个空白蒙版。

快乐学电脑

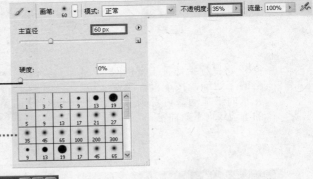

12 按 D 键，将前、背景色设置为黑、白色。选择"画笔工具" ，然后在其工具属性栏中设置"画笔"为直径为"60 像素、边缘带发散效果的笔刷"，"不透明度"为35%，其他属性保持默认。

13 设置好笔刷的属性后，利用"画笔工具" 在人物图像右侧边缘小心地涂抹，使边缘图像与茶杯自然地融合。这样，人物图像就自然、逼真地附着于茶杯表面了。

对图像进行"变形"操作时，在变形工具属性栏中单击"变形"右侧的下拉按钮 ，从弹出的下拉列表框中选择合适的样式，并可设置相应的参数，以对图像进行相应的变形操作。例如，选择"扇形"、"旗帜"、"鱼形"和"挤压"等选项，设置所需的参数后，即得到相应的图像效果。

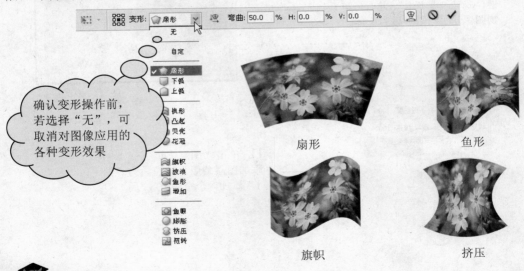

确认变形操作前，若选择"无"，可取消对图像应用的各种变形效果

扇形　　　　　鱼形

旗帜　　　　　挤压

提示

对一幅图像多次执行扭曲、透视、缩放等变形操作后，图像会随着每次的变换而丢失部分像素，这样，图像会因像素的减少而变得模糊。因此，用户尽量不要反复变换同一图像。

练 一 练

下面我们做一些小练习，以判断你对所学内容的掌握程度。

(1) 利用"裁剪工具"□裁切图像时，绘制好裁切区域后，按_____键，可以取消当前的裁切操作。

(2) 利用"画布大小"命令增大画布后，如果当前图像只有一个背景图层，其扩展部分将以当前_____色填充。

(3) 利用"图像大小"命令调整图像大小时，在确定打印尺寸不变的情况下，应选中"图像大小"对话框中的_____复选框。

(4) "镜头校正"滤镜只适用于_____模式的图像。

(5) 利用"缩放工具"□放大图像显示后，按住_____键不放，在图像窗口中单击，可将图像缩小 1/2 显示；按_____或_____组合键，可快速放大或缩小图像。

(6) 对于背景色比较单一的图像，应使用_____工具选择较合适。

(7) 选中"魔棒工具"□的工具属性栏中的"连续"复选框后，只能选择图像中____区域；不选中该复选框，则可选择图像上所有色彩相近的区域。

(8) 利用"画笔工具"□编辑快速蒙版时，将前景色设置为_____颜色，可以增加蒙版区域；将前景色设置为_____颜色，可以减少蒙版区域。

(9) 利用"橡皮擦工具"□擦除图像时，如果在背景图层上擦除，则擦除的区域被填充_____颜色；如果在普通图层上擦除，则被擦除的区域将变成_____。

(10) 利用_____"橡皮擦工具"□可以将图像中颜色相近的区域擦除成透明区，其用法与"魔棒工具"□有些类似，也具有自动分析的功能。

(11) 按_____组合键，可以使用当前前景色填充选区；按_____组合键，可以使用当前背景色填充选区。

(12) 按_____组合键，可以使用"自由变换"命令来调整图像。

问 与 答

问：利用"贴入"命令贴入图像后，图像太小怎么办？

答：一般情况下，要使用"贴入"命令粘贴图像，最好先准备两幅像素大小接近的图像。如果贴入的图像较小或过大，在确保图像清晰的情况下，可以使用"自由变换"命令来进行适当的调整。

问：创建选区后，如何对选区进行羽化？

答：在创建选区前，利用选区工具属性栏中的"羽化"选项设置羽化，可以得到带羽化效果的选区。在创建选区后，我们可以选择"选择"→"修改"→"羽化"命令，打开"羽化选区"对话框，在其中设置"羽化半径"的值，然后单击"确定"按钮即可。

问：利用矩形选框工具组中的工具可以绘制什么样的选区？

答：矩形选框工具组包括"矩形选框工具" ⬚ 、"椭圆选框工具" ◯ 、"单行选框工具" ⬚ 和"单列选框工具" ⬚ ，利用它们可以创建规则形状的选区。

● 利用"矩形选框工具" ⬚ 可以创建矩形和正方形选区。

● 利用"椭圆选框工具" ◯ 可以创建椭圆和正圆选区。

提示

选择"矩形选框工具" ⬚ 和"椭圆选框工具" ◯ 后，按住 Shift 键在图像中拖动鼠标，可以创建正方形或正圆选区；按住 Alt 键在图像中拖动鼠标，将以拖动的开始点作为中心点来制作选区；按住 Shift+Alt 组合键在图像中拖动鼠标，将以拖动的开始点为中心创建正方形或正圆选区。

● 利用"单行选框工具" ⬚ 和"单列选框工具" ⬚ 可以创建 1 个像素宽的横向或纵向选区。

提示

"单行选框工具" ⬚ 和"单列选框工具" ⬚ 主要用于创建一些线条。但是，在创建选区时，其工具属性栏中的"羽化"值必须设置为 0，否则这两个工具不能使用。

问："利用"魔棒工具" ⬚ 创建选区后，如何快速选取图像中所有的相似区域？

答：在选取部分图像后，要选取图像中的所有相似区域，选择"选择"→"选取相似"命令即可。

另外，选择"选择"→"扩大选取"命令，可以选取与原有选区颜色相近且相邻的区域。

提示

"选取相似"与"扩大选取"命令的使用与"魔棒工具" ⬚ 属性栏中"容差"的选项有关，"容差"值设置得越大，选取的范围越广。

问："旋转画布"与"变换"命令有何区别？

答："旋转画布"与"变换"的部分子菜单项相似，但功能却完全不同。其中"旋转画布"子菜单项是针对整幅图像进行操作，而"变换"子菜单项只对当前图层(背景图层除外)或选区内的图像进行操作。

变换(A)　　　　　　　▶ | 再次(A)　　Shift+Ctrl
缩放(S)
旋转(R)
斜切(K)
扭曲(D)
透视(I)
变形(W)

旋转画布(L)　　　　　　▶ | 180 度(1)
裁剪(P) | 90 度(顺时针)(9)
裁切(R)... | 90 度(逆时针)(0)
显示全部(V) | 任意角度(A)...

水平翻转画布(H)
垂直翻转画布(V)

旋转 180 度(1)
旋转 90 度(顺时针)(9)
旋转 90 度(逆时针)(0)

水平翻转(H)
垂直翻转(V)

打开一幅分层图像，分别利用"90 度(顺时针)"和"旋转 90 度(顺时针)"命令调整图像，其效果分别如下。

原图

执行"90 度(顺时针)"命令

执行"旋转 90 度(顺时针)"命令

问：如何删除图像？

答：如果要删除选区内的图像，可选择"编辑"→"清除"命令，或者按 Delete 键；如果要删除某个图层上的图像，可以将该图层拖曳到"图层"调板底部的"删除图层"按钮🗑上，释放鼠标即可。另外，在确保当前工具为"移动工具"➤⊹的情况下，按 Delete 键也可删除图像。

🦉 提示

在删除选区内的图像时，如果当前图层为背景图层，被删除的区域将使用当前背景色填充；如果当前图层为背景图层以外的普通图层，则被删除的区域将变为透明区。

第 4 章 用绘画与修饰工具 修饰照片

本章学习重点

☞ 绘图与修饰工具的通用属性
☞ 绘图工具处理照片的方法
☞ 使用修饰工具处理照片

Photoshop 系统提供了大量的绘图与修饰工具,如"画笔工具" 🖋 、"铅笔工具" 🖋 、"修复画笔工具" 🖋 、"仿制图章工具" 🖾 等,利用这些工具用户不仅可以方便地去除数码照片中的瑕疵,还能为照片增添艺术效果。正因为这些功能的存在,才使得 Photoshop 在图像处理方面占有绝对的优势。

4.1　绘图与修饰工具的通用属性

在 Photoshop 中,大部分绘图与修饰工具都具有一些通用属性,如色彩混合模式、不透明度、流量与笔刷设置等,这些属性都可以通过各自的工具属性栏进行设置。下面,以"画笔工具" 🖋 为例来介绍这些通用属性。

4.1.1　色彩混合模式

色彩混合模式决定了进行图像编辑(包括绘画、擦除、描边或填充等)时,当前选定的绘图颜色(即前景色)如何与图像原有的底色进行混合叠加。要设置色彩混合模式,用户只需在工具属性栏中的"模式"下拉列表框中进行选择即可。

为工具选择不同的色彩混合模式,得到的图像编辑效果也不同。下面,我们通过改变荷花图像的颜色,来了解色彩混合模式的作用。具体操作步骤如下。

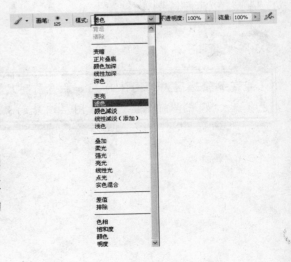

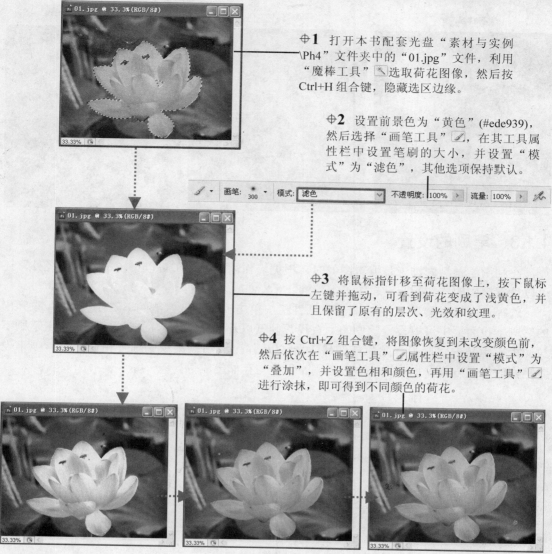

⊕**1** 打开本书配套光盘"素材与实例 \Ph4"文件夹中的"01.jpg"文件,利用 "魔棒工具"选取荷花图像,然后按 Ctrl+H组合键,隐藏选区边缘。

⊕**2** 设置前景色为"黄色"(#ede939), 然后选择"画笔工具",在其工具属 性栏中设置笔刷的大小,并设置"模 式"为"滤色",其他选项保持默认。

⊕**3** 将鼠标指针移至荷花图像上,按下鼠标 左键并拖动,可看到荷花变成了浅黄色,并 且保留了原有的层次、光效和纹理。

⊕**4** 按 Ctrl+Z 组合键,将图像恢复到未改变颜色前, 然后依次在"画笔工具"属性栏中设置"模式"为 "叠加",并设置色相和颜色,再用"画笔工具" 进行涂抹,即可得到不同颜色的荷花。

4.1.2 不透明度参数的设置

通过为工具设置不透明度值,可以决定所绘图案的透明程度,从而得到不同的图像效 果。要设置不透明度,用户可以直接在工具属性栏中的"不透明度"下拉列表框中输入 所需数值;或单击该下拉列表框右侧的三角按钮打开一个滚动条,然后左右拖动滑块 即可进行调整。

下图所示为"画笔工具"设置不同的不透明度值,并利用该工具在选区内单击一 次得到的图像效果。

4.1.3　笔刷的设置

在利用绘画与修饰工具编辑图像时，根据操作需要，除了可以设置笔刷的直径外，还可以设置笔刷的样式、圆度、纹理等特性。

选择"画笔工具" ，在其工具属性栏中单击"画笔"右侧的下三角按钮 ，在弹出的笔刷下拉面板中可以设置笔刷的主直径、硬度以及选择笔刷的样式。另外，单击笔刷下拉面板右上角的"圆形三角"按钮 ，可以从弹出的面板菜单中选择相应的菜单项来设置笔刷的显示方式、加载系统内置笔刷、复位与存储笔刷等。

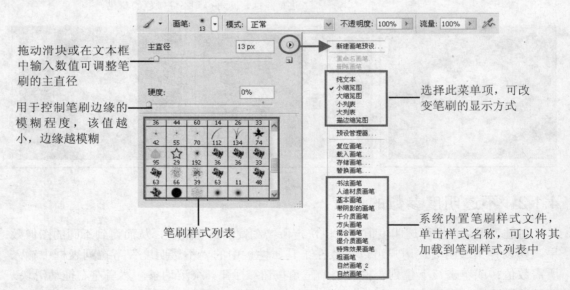

此外，单击"画笔工具" 属性栏右侧的"切换画笔调板"按钮 ，或者按 F5 键，打开"画笔"调板，在该调板中可以设置笔刷的直径、旋转角度、圆度、硬度、间距，或者设置笔刷的形状动态、散布、纹理填充、颜色动态等特殊效果。

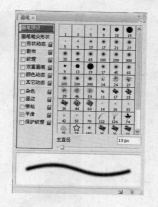
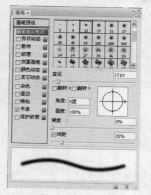

4.2 使用绘图工具处理照片

掌握了绘图与修饰工具的通用属性后，下面，我们利用"画笔工具" ✎、"颜色替换工具" ✎、"渐变工具" ▣ 等绘图工具来处理数码照片，从而进一步学习这些工具的用法。

实例 1 用"画笔工具"为 MM 上彩妆

在本例中，我们将通过为人物化妆来学习利用"画笔工具" ✎ 处理数码照片的方法。具体操作如下。

⊕1 打开本书配套光盘"素材与实例\Ph4"文件夹中的"02.jpg"文件，下面我们先为人物图像画唇彩。

⊕2 将前景色设置为"红色"(# f31449)，选择"画笔工具" ✎，然后在其工具属性栏中设置"画笔"为"主直径为 10 像素、边缘带发散效果的笔刷"，设置"模式"为"叠加"、"不透明度"为 30%。

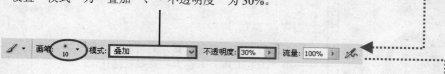

⊕**3** 利用"缩放工具" 🔍 局部放大嘴唇区域，然后利用"画笔工具" ✐ 在嘴唇上细心地涂抹，从图中可以看出，唇彩绘制好了。

⊕**4** 下面为人物添加眼影。将前景色设置为"紫色"(#7a4598)，然后在"画笔工具" ✐ 属性栏中设置"画笔"为"主直径为 15 像素、边缘带发散效果的笔刷"，将"模式"设置为"色相"、"不透明度"设置为20%。

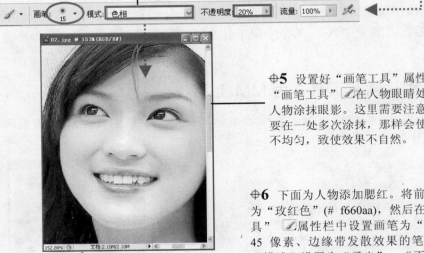

⊕**5** 设置好"画笔工具"属性后，利用"画笔工具" ✐ 在人物眼睛处涂抹，为人物涂抹眼影。这里需要注意的是，不要在一处多次涂抹，那样会使颜色分布不均匀，致使效果不自然。

⊕**6** 下面为人物添加腮红。将前景色设置为"玫红色"(# f660aa)，然后在"画笔工具" ✐ 属性栏中设置画笔为"主直径为 45 像素、边缘带发散效果的笔刷"，将"模式"设置为"柔光"、"不透明度"设置为30%。

⊕**7** 设置好"画笔工具"的属性后，利用"画笔工具" ✐ 在人物脸颊处涂抹，为人物涂抹腮红。这样，淡淡的彩妆就上好了。

实例2 用画笔工具为人物照片添加纹身

现在很多追求时尚而前卫的年轻人，都喜欢在身上制作纹身，以给人一种超凡脱俗的自我感。而对于不敢尝试新鲜事物的人，则可以在 Photoshop 中为照片随意添加纹身，并且还可以随时更换图案。

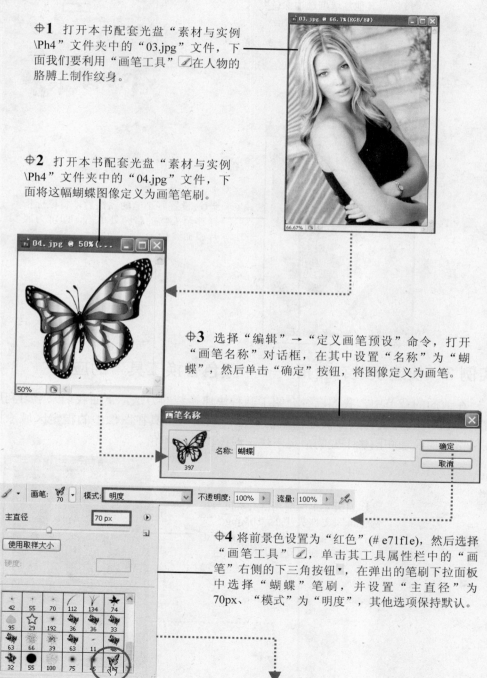

⊕1 打开本书配套光盘"素材与实例\Ph4"文件夹中的"03.jpg"文件，下面我们要利用"画笔工具" 在人物的胳膊上制作纹身。

⊕2 打开本书配套光盘"素材与实例\Ph4"文件夹中的"04.jpg"文件，下面将这幅蝴蝶图像定义为画笔笔刷。

⊕3 选择"编辑"→"定义画笔预设"命令，打开"画笔名称"对话框，在其中设置"名称"为"蝴蝶"，然后单击"确定"按钮，将图像定义为画笔。

⊕4 将前景色设置为"红色"(# e71f1e)，然后选择"画笔工具" ，单击其工具属性栏中的"画笔"右侧的下三角按钮 ，在弹出的笔刷下拉面板中选择"蝴蝶"笔刷，并设置"主直径"为70px、"模式"为"明度"，其他选项保持默认。

5 按 F5 键，打开"画笔"调板，选中调板左侧列表中的"画笔笔尖形状"复选框，然后在右侧的设置区中选中"翻转 X"复选框，并设置"角度"为"24度"，其他复选框选项保持默认。

6 设置好画笔的属性后，将鼠标指针移至人物的胳膊处单击，即可为照片添加纹身。

实例 3 快速换装有新招——"颜色替换工具"的应用

在前面的章节中，我们已经介绍了两种快速换装的方法，下面我们来学习利用"颜色替换工具" 为人物照片快速换装的方法。利用该工具在图像中的指定区域涂抹，即可在保留图像纹理和阴影不变的情况下快速改变图像的颜色。

1 打开本书配套光盘"素材与实例\Ph4"文件夹中的"05.jpg"文件，下面我们利用"颜色替换工具" 来改变小女孩上衣的颜色。

⊕2　利用"磁性套索工具"   和
"套索工具"   选取红色上衣。

⊕3　选择工具箱中的"颜色替换工具"   ，
然后在其工具属性栏中设置笔刷的"直径"
为 60px、"模式"为"颜色"、"限制"为
"不连续"，其他选项保持默认。

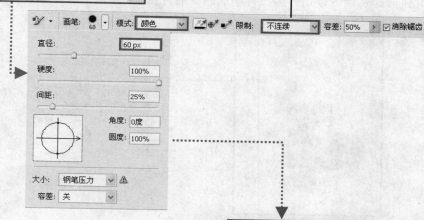

⊕4　将前景色设置为"紫色"(#884496)，
然后将鼠标指针移至图像中的选区内，按下
鼠标左键并拖动，即可改变衣服的颜色。

"颜色替换工具"   的工具属性栏中各选项的意义分别如下。

● **模式**：该模式包含"色相"、"饱和度"、"颜色"和"亮度" 4 种模式供用户
选择，默认情况下为"颜色"。

● **取样按钮**   ：单击"连续"按钮   ，可在拖动鼠标时连续对颜色取样；单
击"一次"按钮   ，只替换包含第一次单击的颜色区域中的目标颜色；单击
"背景色板"按钮   ，只替换包含当前背景色的区域。

- **限制：** 选择"连续"选项表示将替换与紧挨在鼠标指针下邻近的颜色；选择"不连续"选项表示将替换出现在鼠标指针下任何位置的样本颜色；选择"查找边缘"选项表示将替换包含样本颜色的连接区域，同时可更好地保留形状边缘的锐化程度。

- **容差：** 用户可在该下拉列表框内输入数值，或拖动滑块调整容差大小，其范围为1%～100%。其值越大，可替换的颜色范围就越大。

实例4　用"渐变工具"润饰数码照片——制作艺术光效

利用"渐变工具"可以创建渐变图案，而渐变图案是由多种颜色逐渐混合而成的。这种混合色可以是由前景色到背景色，也可以是由背景色到前景色，或者其他多种颜色相互过渡，从而方便用户为照片添加漂亮的背景图案。

1 打开本书配套光盘"素材与实例\Ph4"文件夹中的"06.jpg"文件，下面我们要利用"渐变工具"为人物图像添加漂亮的艺术光效果。

2 利用"魔棒工具"和快速蒙版模式制作人物图像的选区，然后按 Ctrl+J 组合键，将选区内的人物图像复制为"图层1"。

3 按 F7 键，打开"图层"调板，选中"背景"图层，然后单击调板底部的"创建新的图层"按钮，在"背景"图层上新建"图层2"。

⊕**4** 选择工具箱中的"渐变工具"，然后在其工具属性栏中单击
"点按可编辑渐变"图标，打开"渐变编辑器"对话框。

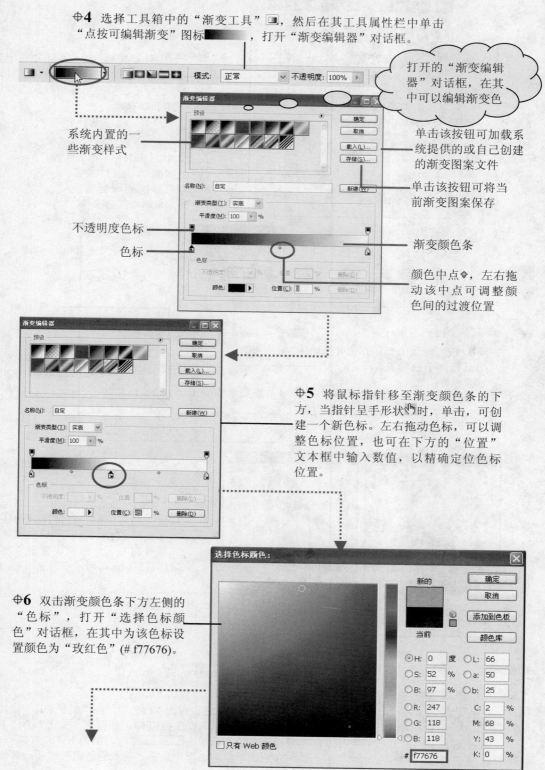

打开的"渐变编辑
器"对话框，在其
中可以编辑渐变色

系统内置的一
些渐变样式

单击该按钮可加载系
统提供的或自己创建
的渐变图案文件

单击该按钮可将当
前渐变图案保存

不透明度色标

色标

渐变颜色条

颜色中点◇，左右拖
动该中点可调整颜
色间的过渡位置

⊕**5** 将鼠标指针移至渐变颜色条的下
方，当指针呈手形状时，单击，可创
建一个新色标。左右拖动色标，可以调
整色标位置，也可在下方的"位置"
文本框中输入数值，以精确定位色标
位置。

⊕**6** 双击渐变颜色条下方左侧的
"色标"，打开"选择色标颜
色"对话框，在其中为该色标设
置颜色为"玫红色"(# f77676)。

快
乐
学
电
脑

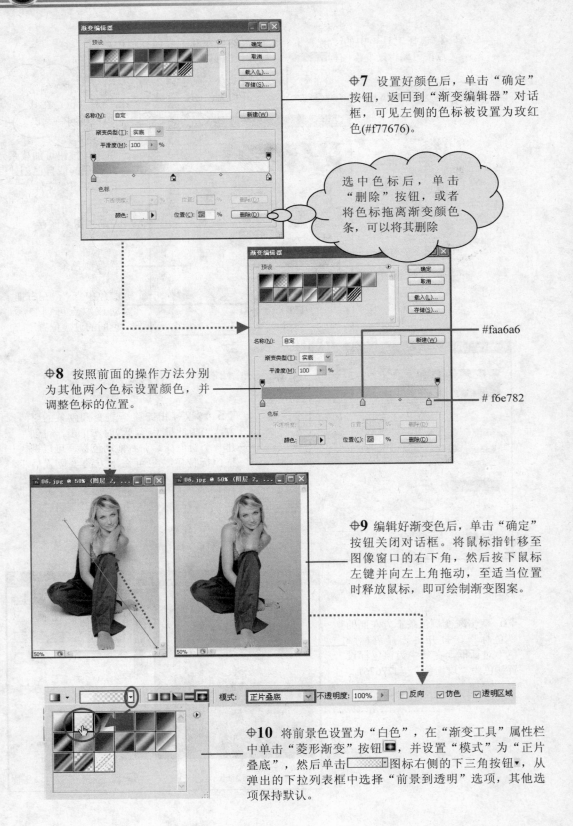

◆**7** 设置好颜色后，单击"确定"按钮，返回到"渐变编辑器"对话框，可见左侧的色标被设置为玫红色(#f77676)。

选中色标后，单击"删除"按钮，或者将色标拖离渐变颜色条，可以将其删除

#faa6a6

f6e782

◆**8** 按照前面的操作方法分别为其他两个色标设置颜色，并调整色标的位置。

◆**9** 编辑好渐变色后，单击"确定"按钮关闭对话框。将鼠标指针移至图像窗口的右下角，然后按下鼠标左键并向左上角拖动，至适当位置时释放鼠标，即可绘制渐变图案。

◆**10** 将前景色设置为"白色"，在"渐变工具"属性栏中单击"菱形渐变"按钮，并设置"模式"为"正片叠底"，然后单击图标右侧的下三角按钮，从弹出的下拉列表框中选择"前景到透明"选项，其他选项保持默认。

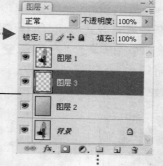

⊕**11** 单击"图层"调板底部的
"创建新的图层"按钮，在"图
层 2"的上方新建"图层 3"。

⊕**12** 将鼠标指针移至图像窗口的
左上角，按下鼠标左键并垂直向下
拖动，至合适位置时即释放鼠标可
绘制菱形渐变效果。

 提示

在利用"渐变工具" 绘制渐变图案时，鼠标单击的位置、拖动方向，以及鼠标
拖动的长短不同，所产生的渐变效果也不同。

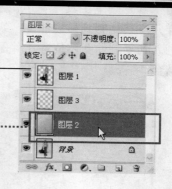

⊕**13** 在"图层"调板中
选中"图层 2"。

⊕**14** 选择"滤镜"→"渲染"→
"镜头光晕"命令，打开"镜头光
晕"对话框，在其中设置"亮度"
为 100%，然后将预览窗口中的
"＋"形指针移至左上角，其他参
数保持默认，最后单击"确定"按
钮，即可得到一些光圈。这样，艺
术光效果就完成了。

快
乐
学
电
脑

"渐变工具"属性栏中部分选项的意义如下。

- **渐变填充方式按钮** 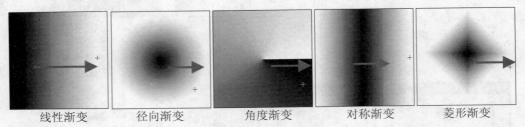：从左至右依次为"线性渐变"按钮、"径向渐变"按钮、"角度渐变"按钮、"对称渐变"按钮和"菱形渐变"按钮。

| 线性渐变 | 径向渐变 | 角度渐变 | 对称渐变 | 菱形渐变 |

- **反向**：选中该复选框可以将渐变图案反向。
- **仿色**：选中该复选框可使渐变层的色彩过渡得更加柔和、平滑。
- **透明区域**：该复选框用于设置关闭或打开渐变图案的透明度。

4.3　使用修饰工具处理照片

Photoshop 提供了很多图像修复与修饰工具，如仿制图章工具组、修复画笔工具组、加深工具组和模糊工具组，利用这些工具不但可以修复照片中的瑕疵，还可以制作一些特殊效果。下面，我们来介绍利用这些工具处理数码照片的方法。

实例5　消除脸部瑕疵——"修复画笔工具"的使用

利用"修复画笔工具" 可以快速清除图像中的污点等瑕疵，使用该工具可以从图像中取样并将其复制到其他部位，或直接用图案进行填充，修复的结果是将取样点的图像自然地融入到复制的图像位置，并保持其纹理、亮度和层次，使被修复的图像和周围的图像完美结合。

⊕1 打开本书配套光盘"素材与实例\Ph4"文件夹中的"07.jpg"文件，从图中可以看到，女孩的面部有许多小斑点，下面我们使用"修复画笔工具" 来去除这些小斑点。

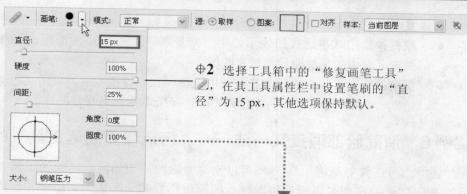

⊕**2** 选择工具箱中的"修复画笔工具"，在其工具属性栏中设置笔刷的"直径"为 15 px，其他选项保持默认。

⊕**3** 将鼠标指针移至图像窗口中，并放置在脸部没有污点处，按住 Alt 键的同时，单击，定义一个参考点。

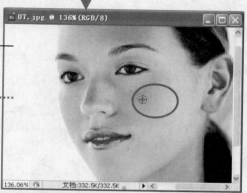

⊕**4** 将鼠标指针移至斑点上，单击，即可看到污点被消除了。

⊕**5** 继续用"修复画笔工具"去除脸部的其他斑点。这里要注意的是，根据修复区域的不同，用户需要在该区域附近重新定义参考点，这样才能使修复的图像显得自然、真实。

快乐学电脑

99

"修复画笔工具" 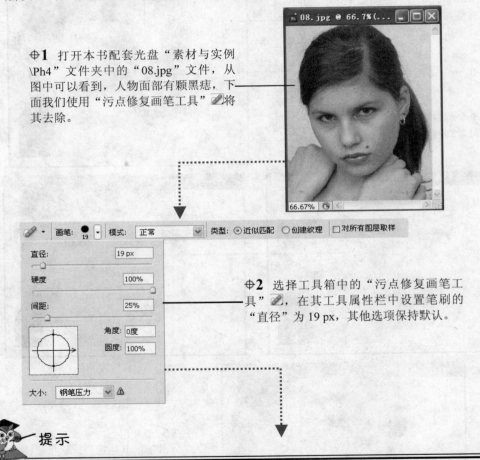属性栏中部分选项的意义如下所示。

- **取样**：选中该单选按钮表示使用"修复画笔工具"对图像进行修复时，将以图像区域中的某处图像来修复图像。
- **图案**：选中该单选按钮，其右侧的下拉列表框将被激活，单击其右侧的下三角按钮，用户即可从打开的下拉列表中选择所需图案来修复图像。

实例6 消除脸部瑕疵又一法——"污点修复画笔工具"的应用

利用"污点修复画笔工具"可以快速去除照片中的污点，它的工作方式与"修复画笔工具"的相似，可以使用取样点的图像修复其他区域的图像，并保持其纹理、亮度和层次。与"修复画笔工具"不同的是，用户不必预先定义参考点。

◆**1** 打开本书配套光盘"素材与实例\Ph4"文件夹中的"08.jpg"文件，从图中可以看到，人物面部有颗黑痣，下面我们使用"污点修复画笔工具"将其去除。

◆**2** 选择工具箱中的"污点修复画笔工具"，在其工具属性栏中设置笔刷的"直径"为19 px，其他选项保持默认。

提示

设置"污点修复画笔工具"的笔刷直径时，用户需要将其设置得比要修复的区域稍大一点为宜(将鼠标指针移至污点上，待指针完全包围污点即可)。这样，用户只需单击一次即可覆盖整个区域。

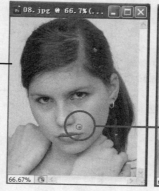

⊕**3** 将鼠标指针移至脸部污点上，单击，污点即可被清除。

⊕**4** 调整笔刷的大小，然后将照片中其他区域的污点去除。

"污点修复画笔工具" 属性栏中部分选项的意义如下。

- **近似匹配：** 选中该单选按钮表示将使用周围图像来近似匹配要修复的区域。
- **创建纹理：** 选中该单选按钮表示将使用选区中的所有像素创建一个用于修复该区域的纹理。

提示

"污点修复画笔工具" 适合修复污点面积较小的图像，如果需要修复大片区域或需要更大程度地控制取样来源，则建议用户使用 "修复画笔工具" 。

实例7　用"修补工具"和"仿制图章工具"去除皱纹

随着岁月的流逝，皱纹总会悄悄地爬上人的额头。在现实中，我们可以采取一切措施来延缓衰老，而在 Photoshop 中，我们可以轻松地去除人物脸部的皱纹，从视觉角度让人物变得年轻。

- 用 "修补工具" 可使用其他区域或图案来修复选中的区域，该工具的工作方式与 "修复画笔工具" 相似，也是将样本图像的纹理、光照和阴影与源像素进行匹配。
- 利用 "仿制图章工具" 可以将一幅图像的全部或部分复制到同一幅图像或另一幅图像中。

快乐学电脑

⊕**1** 打开本书配套光盘"素材与实例
\Ph4"文件夹中的"09.jpg"文件，下
面我们要为老人去除脸部的皱纹。

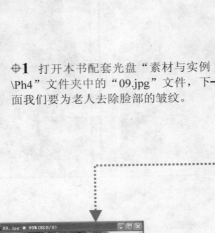

⊕**2** 利用"缩放工具"
🔍局部放大人物脸部。

⊕**3** 选择工具箱中的"修补工具" ⬡，在其
工具属性栏中各选项保持为默认状态。

⬡ ▾ | ▢▢▢▢ 修补: ⦿ 源 ○ 目标 □透明 | 使用图案 |

⊕**4** 将鼠标指针移至人物额头
处，按下鼠标左键并拖动，将
有皱纹的地方圈选出来。

⊕**5** 将鼠标指针置于选区内，按
下鼠标左键并向没有皱纹的区域
拖动，释放鼠标后按 Ctrl+D 组
合键，取消选区。从图中可看
到，皱纹消失了。

⊕**6** 继续用"修补工具"
将额头的皱纹去除。

主直径 `35 px`

硬度: `0%`

⊕**7** 在工具箱中选择"仿制图章工具"，在其工具属性栏中设置"画笔"为"主直径为 35 像素、边缘带发散效果的笔刷"，将"不透明度"设置为 40%，其他选项保持默认。

> 修复图像时，图像窗口中的十字光标表示定义的参考点

⊕**8** 将鼠标指针移至人物额头没有皱纹处，在按住 Alt 键的同时，单击定义一个参考点，然后将鼠标指针移至有皱纹处，单击即可将皱纹覆盖。

> 去除皱纹时，要适可而止，毕竟是老年人，不要刻意追求完美，否则效果会失真

⊕**9** 继续用"仿制图章工具"去除面部的皱纹。在操作时，用户需要根据修复区域的不同重新定义参考点，选择笔刷尺寸，并适当调整笔刷的不透明度值。

"修补工具"属性栏中部分选项的意义如下。

● **源**：选中该单选按钮后，如果将源图像选区拖至目标区域，则源区域内的图像将被目标区域的图像覆盖。

● **目标**：选中该单选按钮，表示将选定区域作为目标区域，可用其覆盖其他区域。

实例8 用"图案图章工具"去除照片中多余的部分

利用"图案图章工具" ![icon] 可以使用系统自带的图案或者自己创建的图案来修补照片。下面我们利用该工具来去除照片中多余的区域。

⊕**1** 打开本书配套光盘"素材与实例\Ph4"文件夹中的"10.jpg"文件，从图中可以看到，照片右侧的伞和远处的人物略显多余。为使画面更完美，我们可以使用"裁剪工具" ![icon] 将画布缩小。但为了保持照片原有的视野，我们可使用"图案图章工具" ![icon] 来去除多余的部分。

⊕**2** 利用"矩形选框工具" ![icon] 在伞图像周围选取部分路面，下面我们用选区内的路面图像去遮盖伞图像。

⊕**3** 选择"编辑"→"定义图案"命令，打开"图案名称"对话框，在对话框中不做任何修改，直接单击"确定"按钮，将选区内的图像定义为图案。

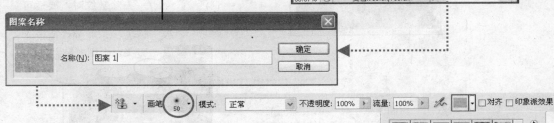

⊕**4** 在工具箱中选择"图案图章工具" ![icon] ，在其工具属性栏中设置"画笔"为"直径为 50 像素、边缘带发散效果的笔刷"，然后单击"图案"按钮右侧的下三角按钮，在其下拉列表框中选择前面定义的图案，其他选项保持默认。

⊕**5** 将鼠标指针移至伞图像上，按下鼠标左键并拖动，即可将伞遮盖。

⊕**6** 继续用"图案图章工具" 修复伞周围的图像，直至将阴影覆盖。

⊕**7** 用"图案图章工具" 和"仿制图章工具" 将远处的人物图像覆盖，直至人物消失。这样，照片中多余的图像就被去除了。

实例9　用"红眼工具"消除红眼

在使用闪光灯拍照时，通常会造成人物照片产生红眼现象，而动物照片则产生白色或绿色反光。对于这类问题，我们可以利用 Photoshop 提供的"红眼工具" 来修复。

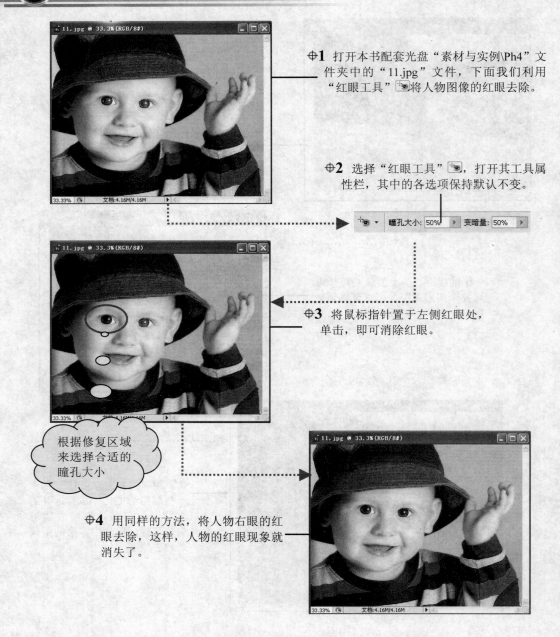

⊕**1** 打开本书配套光盘"素材与实例\Ph4"文件夹中的"11.jpg"文件，下面我们利用"红眼工具" 将人物图像的红眼去除。

⊕**2** 选择"红眼工具" ，打开其工具属性栏，其中的各选项保持默认不变。

⊕**3** 将鼠标指针置于左侧红眼处，单击，即可消除红眼。

根据修复区域来选择合适的瞳孔大小

⊕**4** 用同样的方法，将人物右眼的红眼去除，这样，人物的红眼现象就消失了。

实例 10　用"海绵工具"和"减淡工具"美白牙齿

好多 MM 因为牙齿不够洁白，在拍照时总是绷着脸不敢从容、自信地微笑。其实，我们大可不必担心这类小问题。因为在拍完照片后，Photoshop 可帮我们来完成美白牙齿的任务。

● 利用"海绵工具" 可以精确地提高或降低图像的饱和度。

● 利用"减淡工具" 可以提高图像的曝光度，从而使图像变亮。

⊕1 打开本书配套光盘"素材与实例\Ph4"文件夹中的"12.jpg"文件，从图中可以看到，女孩的牙齿有些发黄。下面，我们就来对其进行美白处理。

选择此项可降低图像颜色的饱和度，使图像中的灰色调增加。

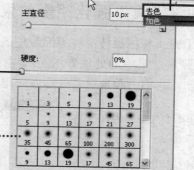

⊕2 选择工具箱中的"海绵工具" ，在其工具属性栏中设置"画笔"为"主直径为 10 像素、边缘带发散效果的笔刷"，"模式"为"去色"，其他选项保持默认。

选择此项可提高图像颜色的饱和度，使图像的颜色更鲜艳。

⊕3 设置好笔刷的属性后，将鼠标指针移至牙齿图像上，按下鼠标左键并拖动，即可看到牙齿不黄了，但还不够理想，需要进一步处理。

用于设置减淡效果的范围，其中"阴影"表示对图像中较暗的像素起作用；"中间调"表示平均地对整个图像起作用；"高光"表示只对图像中较亮的像素起作用。

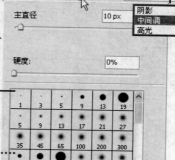

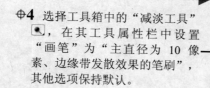

⊕4 选择工具箱中的"减淡工具" ，在其工具属性栏中设置"画笔"为"主直径为 10 像素、边缘带发散效果的笔刷"，其他选项保持默认。

用于控制减淡的程度，该值越大，减淡效果越明显。

快乐学电脑

⊕5 将鼠标指针移至牙齿图像
上，按下鼠标左键并细心地涂
抹，直至牙齿变白。看，笑容
是不是更从容、自信呢？

实例11 用"加深工具"强化阴影效果

拍照的时候，由于光线和拍摄技术等原因致使照片的影调偏亮，而且没有层次，像被洗过一样。对于这类照片，简单的处理方法是利用"加深工具" 来强化阴影效果，以突出照片的主题。下面，我们一起来看看处理方法吧。

⊕1 打开本书配套光盘"素材与
实例\Ph4"文件夹中的
"13.jpg"文件，从图中可以
看到，照片整体过亮没有突出
主题，需要进行修复。

⊕2 选择工具箱中的"加深工具" ，在
其工具属性栏中设置"画笔"为"主直
径为 200 像素、边缘带发散效果的笔
刷"，其他选项保持系统默认。

⊕**3** 设置好笔刷的属性后，将鼠标指针移至图像窗口中，利用"加深工具" 在图像中涂抹，增加图像的反差，使图像看起来层次分明、主题突出。

提示

"加深工具" 和"减淡工具" 的作用相反，但它们的工具属性栏是相同的，其中"范围"用于选择加深效果的范围；"曝光度"的值设置得越大，加深效果越明显。

实例12　用"历史记录画笔"恢复图像——光滑面部

在拍照时，面部皮肤不好的 MM 总是费尽心思去遮掩面部的瑕疵，力求拍出美丽的照片，这样做既费时，又费力。现在，我们用 Photoshop 提供的"历史记录画笔工具" 和"历史记录"调板功能可轻松地帮你的照片完成光滑面部的操作，还给你原有的美丽。

⊕**1** 打开本书配套光盘"素材与实例\Ph4"文件夹中的"14.jpg"文件，从图中可以看到，女孩面部有很多雀斑，影响美观。下面，我们要对其进行修复。

⊕**2** 按 F7 键，打开"图层"调板，为了不破坏原图像的效果，可按 Ctrl+J 组合键，复制出"图层 1"。

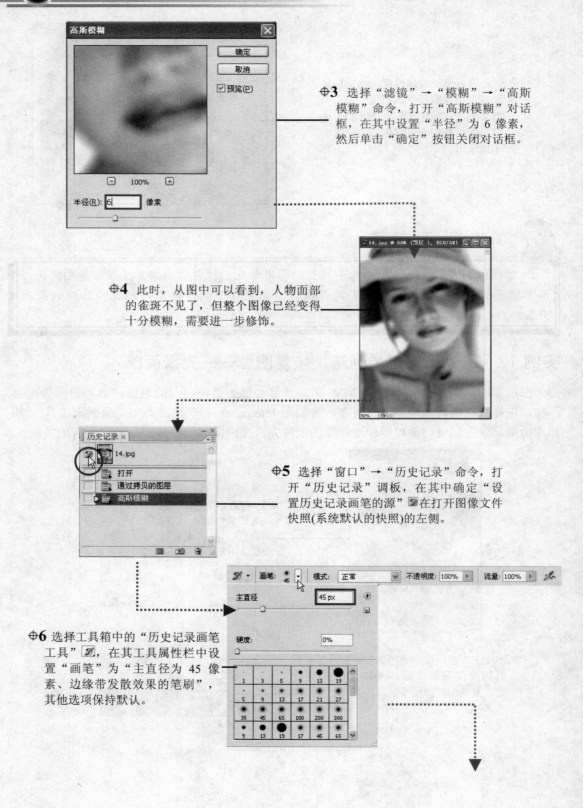

◈**3** 选择"滤镜"→"模糊"→"高斯模糊"命令,打开"高斯模糊"对话框,在其中设置"半径"为 6 像素,然后单击"确定"按钮关闭对话框。

◈**4** 此时,从图中可以看到,人物面部的雀斑不见了,但整个图像已经变得十分模糊,需要进一步修饰。

◈**5** 选择"窗口"→"历史记录"命令,打开"历史记录"调板,在其中确定"设置历史记录画笔的源" 在打开图像文件快照(系统默认的快照)的左侧。

◈**6** 选择工具箱中的"历史记录画笔工具" ,在其工具属性栏中设置"画笔"为"主直径为 45 像素、边缘带发散效果的笔刷",其他选项保持默认。

⊕7 设置好笔刷的属性后，利用"历史记录画笔工具" 在人物的眼睛、嘴巴处细心地涂抹，将其恢复到打开图像时的状态。

⊕8 适当降低笔刷的不透明度，并用适当大小的笔刷，在眉毛、脸部轮廓的细微处涂抹，以使面部轮廓分明。这样，光滑面部的操作就完成了。

 提示

这里需要注意的是，在涂抹皮肤时，应当将不透明度设置得低一些，以免模糊掉的雀斑重新显示。此外，对于隐约可见的斑痕，可以使用"仿制图章工具" 小心地修复，以使修复效果更加完美。

实例 13　用"模糊工具"模糊背景突出主题

在拍摄照片时，合理地利用长焦距、大光圈、小景深可以突出事物的主题。在照片的后期处理中，利用 Photoshop 可以实现景深效果。下面，我们来看看是如何制作的。

⊕1 打开本书配套光盘"素材与实例\Ph4"文件夹中的"15.jpg"文件，从图中可以看到，照片中的背景比较杂乱，我们可以对其稍作处理，使前景中的人物更加突出。

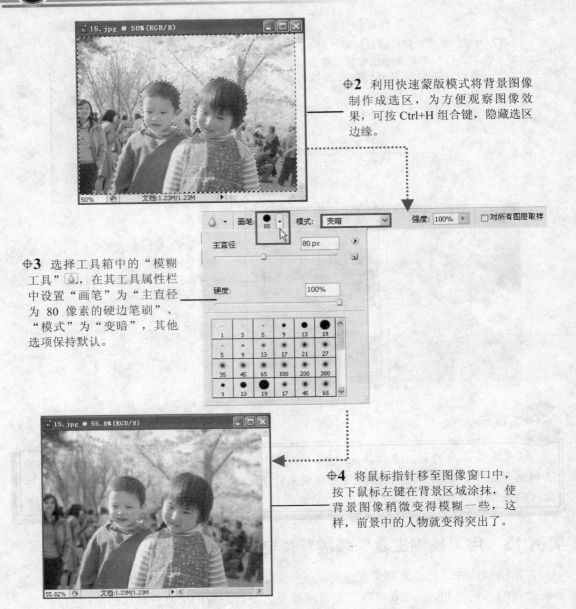

⊕**2** 利用快速蒙版模式将背景图像制作成选区，为方便观察图像效果，可按 Ctrl+H 组合键，隐藏选区边缘。

⊕**3** 选择工具箱中的"模糊工具" ，在其工具属性栏中设置"画笔"为"主直径为 80 像素的硬边笔刷"、"模式"为"变暗"，其他选项保持默认。

⊕**4** 将鼠标指针移至图像窗口中，按下鼠标左键在背景区域涂抹，使背景图像稍微变得模糊一些，这样，前景中的人物就变得突出了。

实例 14 清除眼镜反光

我们戴着眼镜拍照时，镜片反光现象时有发生。对于这类问题，一般情况下 Photoshop 可以处理。当然，Photoshop 也不是无所不能，如果反光现象较重的话，我们也只能忍痛割爱了。

⊕1　打开本书配套光盘"素材与实例\Ph4"
　　文件夹中的"16.jpg"文件，从图中可以
　　看到，镜片的上边缘有明显的反光现象，
　　程度较轻，可以对其进行修复。

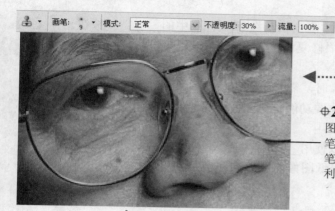

⊕2　将人物眼镜区域放大显示，选择"仿制
　　图章工具" ，在其工具属性栏中设置"画
　　笔"为"直径为 9 像素、边缘带发散效果的
　　笔刷"，并适当降低笔刷的不透明度，然后
　　利用该工具将左侧镜片的反光去除。

⊕3　利用"加深工具" 将左侧
　　眼睛的双眼皮折皱处的皮肤颜色
　　加深。

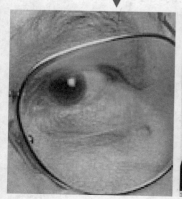

⊕4　用"仿制图章工具" 和"加
　　深工具" 去除右侧镜片的反光，
　　并对眼睛皮肤作细致的调整。

练 一 练

下面我们做一些小练习，以判断你对所学内容的掌握程度。

(1) 要设置"画笔工具"的圆度、间距、翻转等特殊属性，可以使用_____调板。

(2) 单击"颜色替换工具" 属性栏中的_____按钮，可在拖动鼠标时连续对颜色取样；单击_____按钮只替换包含第一次单击的颜色区域中的目标颜色；单击_____按钮只替换包含当前背景色的区域。

(3) 要绘制径向渐变图案，应单击"渐变工具" 属性栏中的_____按钮。

(4) 利用"仿制图章工具" 和"修复画笔工具" 修复图像时，按_____键可定义参考点。

(5) 利用"修补工具" 修复图像时，需要先创建_____，然后再进行修复操作。

(6) "历史记录画笔工具" 的主要功能是在图像中将绘制的部分图像恢复到之前的某个状态，通常配合_____调板来使用。

(7) 利用"图案图章工具" 可以使用_____来修复图像。

(8) 利用_____工具可提高或降低图像的颜色饱和度；利用_____和_____工具，可以提高或降低图像的曝光度。

问 与 答

问：如何利用"画笔工具"和"铅笔工具"绘制直线和虚线？

答：要利用"画笔工具"和"铅笔工具"绘制直线，只需在按住 Shift 键的同时，拖动鼠标即可；要绘制虚线，只需在"画笔"调板中的"画笔笔尖形状"设置区中将间距设置得稍大一些即可。

问：如何快速设置笔刷的大小和硬度？

答：在使用绘图或修饰工具编辑图像时，用户可以通过按键盘中的 [和] 键来调整笔刷的直径；按 Shift+ [和 Shift+] 组合键，可以快速调整笔刷的硬度。

问：利用"渐变编辑器"对话框设置渐变颜色时，如何快速复制色标？

答：在"渐变编辑器"对话框中编辑渐变颜色时，在按住 Alt 键的同时，拖动色标(或不透明度色标)，即可快速复制色标。

问：在利用"加深工具"或"减淡工具"编辑图像时，如何快速切换这两个工具？

答：使用"加深工具"或"减淡工具"时，按住 Alt 键，即可在这两个工具间快速切换。

第5章 调整照片的色调与色彩（上）

本章学习重点

☞ "色阶"命令

☞ "曲线"命令

在 Photoshop 中，系统提供了大量的色调和色彩调整功能，其中色调调整功能主要用于调整图像的明暗程度，以使图像恢复正常的影调；而色彩调整功能主要用于调整图像的色彩，以使图像恢复正常的色彩。在本章中，我们将重点介绍"色阶"和"曲线"命令的特点与用法。

5.1 "色阶"命令

在 Photoshop 中，系统提供了两种色阶命令："色阶"与"自动色阶"命令。下面，我们分别来介绍这两个命令的特点与用法。

5.1.1 "色阶"命令的功能与用法

"色阶"命令是调整图像色调使用频率较高的命令之一，它可以通过调整图像的阴影、中间调和高光的强度级别，来校正图像的色调范围和颜色平衡。

打开一幅图像，选择"图像"→"调整"→"色阶"命令，或者按 Ctrl+L 组合键，即可打开"色阶"对话框，其中各选项的意义如下。

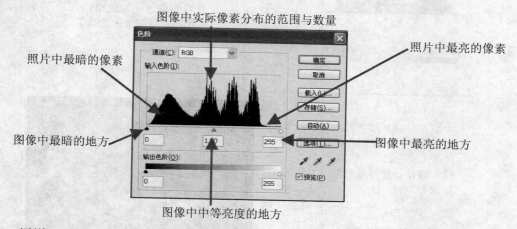

- **通道：**用于选择要调整的色调的通道。
- **输入色阶：**该选项组包括 3 个文本框，分别用于设置图像的暗部色调、中间色调和亮部色调。

- **输出色阶**：用于限定图像的亮度范围，取值范围为 0～255。其中两个文本框分别用于提高图像的暗部色调和降低图像的亮度。

- **直方图**：对话框的中间部分称为直方图，其横轴代表亮度(从左到右为全黑过渡到全白)，纵轴代表处于某个亮度范围中的像素数量。显然，当大部分像素集中于黑色区域时，图像的整体色调较暗；而当大部分像素集中于白色区域时，图像的整体色调偏亮。

- **"自动"按钮**：单击该按钮，Photoshop 将使用自动色调校正功能来调整图像。

- **"存储"按钮**：单击该按钮，可以以文件的形式存储当前对话框中的参数设置。

- **"载入"按钮**：单击该按钮，可以载入存储在*.ALV 文件中的色阶调整参数。

- **"选项"按钮**：单击该按钮，可打开"自动颜色校正选项"对话框，利用该对话框可设置暗调、中间调和高光的颜色，以及自动颜色校正的算法。

- **预览**：选中该复选框，可在图像窗口随时预览图像调整后的效果。

- **吸管工具**：用于在图像中单击选择颜色。从左至右分别是："在图像中取样以设置黑场"按钮，用它在图像中单击，图像中所有像素的亮度值都会减去光标单击处像素的亮度值，使图像变暗；"在图像中取样以设置灰场"按钮，用它在图像中单击，Photoshop 将用吸管单击处像素的亮度来调整图像所有像素的亮度(通常用于校正颜色)；"在图像中取样以设置白场"按钮，用它在图像中单击，图像中所有像素的亮度值都会加上单击处像素的亮度值，使图像变亮。

为方便用户更好地理解和应用"色阶"命令，下面我们利用前面打开的照片做一些简单的小实验，具体操作如下。

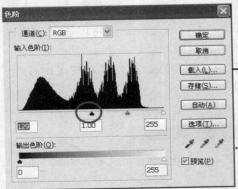

中1 在"色阶"对话框中，将"输入色阶"左侧的黑色滑块▲移至中间，从图中可以看到照片变暗了。因为黑色滑块表示图像中最暗的地方，现在黑色滑块所在的位置是原来灰色滑块所在的位置，这里对应的像素原来是中等亮度的，而现在被确认为最暗的黑色，黑色空间几乎占所有像素的一半，所以图像就变暗了。

中2 按住 Alt 键，此时"色阶"对话框中的"取消"按钮转变成"复位"按钮，然后单击"复位"按钮，使各项参数恢复到初始状态。

该操作适合后面介绍的"曲线"、"色彩平衡"等命令

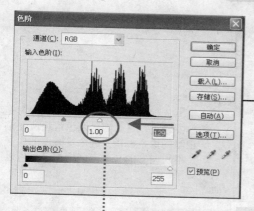

⊕**3** 将"输入色阶"最右边的白色滑块△移至中间,可以看到照片变亮了。因为白色滑块表示图像中最亮的地方,现在白色滑块所在的位置是原来灰色滑块所在的位置,这里对应的像素原来是中等亮度的,而现在被确认为最亮的白色,白色几乎占所有像素的一半,所以照片变亮了。

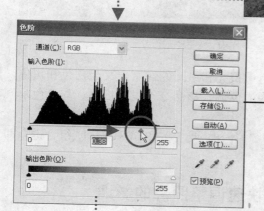

⊕**4** 将各项参数恢复到初始状态,黑、白两个滑块不动,将中间的灰色滑块▲向右拖动,图像变暗了。这是因为灰色滑块所在位置原来的像素是很亮的,现在这些像素被指定为中等亮度的像素,从灰色滑块向左的暗部空间增加了,所以照片变暗了。

快
乐
学
电
脑

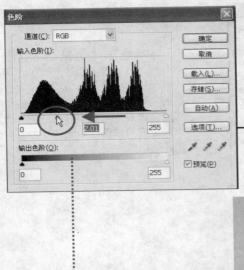

⊕5 同样的道理，将灰色滑块向左拖动，图像变亮了。这是因为灰色滑块所在位置原来很暗的像素被指定为中等亮度的像素，从灰色滑块向右的亮部空间增加了，所以照片变亮了。

5.1.2　"自动色阶"命令的特点

利用"自动色阶"命令可以将每个通道中最亮和最暗的像素定义为白色和黑色，然后按比例重新分配中间像素值来自动调整图像的色调。该命令不设对话框，与"色阶"对话框中的"自动"按钮功能完全相同。

选择"图像"→"调整"→"自动色阶"命令，或者按 Shift+Ctrl+L 组合键，即可利用"自动色阶"命令来调整图像。

实例1　使用"自动色阶"命令快速调整照片的影调

在本例中，我们将学习利用 Photoshop 提供的"自动色阶"命令来调整图像，具体操作如下。

⊕1 打开本书配套光盘"素材与实例\Ph5"文件夹中的"02.jpg"文件，从图中可以看出，照片的影调平谈，没有层次感，对比也不强烈，需要进一步修饰。

中2 选择"图像"→"调整"→"自动色阶"命令，Photoshop 系统将自动校正图像的影调。从图中可以看到，照片的影调得到了有效的校正，层次感增强，并且色彩也得到了相应的改善。

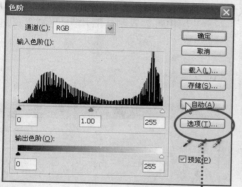

提示

　　如果单击"色阶"对话框中的"选项"按钮，可以打开"自动颜色校正选项"对话框。该对话框中的选项可以控制"色阶"和"曲线"对话框中的"自动色阶"、"自动对比度"、"自动颜色"和"自动"选项应用的色调和颜色校正。另外，在该对话框中还可以为阴影和高光设置剪切百分比，并且还能为图像中的阴影、中间调和高光指定颜色。

- **增强单色对比度：**选中该单选按钮表示系统将一致地减少颜色通道，在可以保留颜色的同时增加对比度(自动对比度)。
- **增强每通道的对比度：**选中该单选按钮表示系统将单独地减少颜色通道，可增加对比度并改变色调(自动色阶)。
- **查找深色与浅色：**选中该单选按钮表示系统将自动分析图像，以查找深色和浅色，并将它们用作阴影和高光颜色(自动颜色)。
- **对齐中性中间调：**选中该复选框表示调整中间调，以便将接近中性色的颜色映射为目标中性色(自动颜色)。

实例2　使用"色阶"命令处理偏暗的照片

在拍摄照片时，由于光线和拍摄技术等原因可能会使照片偏暗，对于这类问题，我们可以使用 Photoshop 的"色阶"命令来处理。

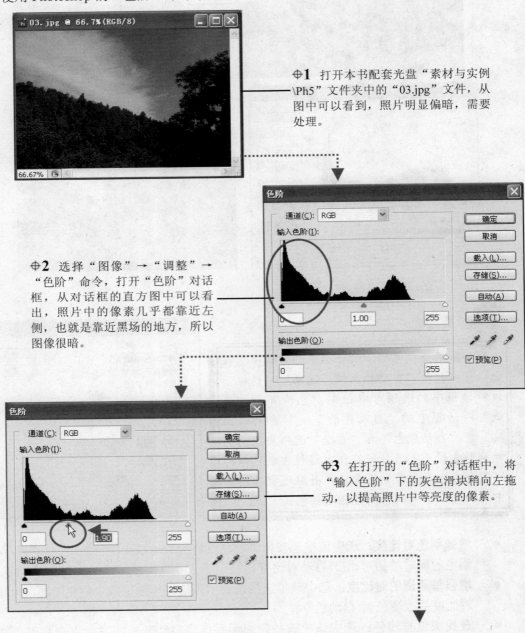

✤1　打开本书配套光盘"素材与实例\Ph5"文件夹中的"03.jpg"文件，从图中可以看到，照片明显偏暗，需要处理。

✤2　选择"图像"→"调整"→"色阶"命令，打开"色阶"对话框，从对话框的直方图中可以看出，照片中的像素几乎都靠近左侧，也就是靠近黑场的地方，所以图像很暗。

✤3　在打开的"色阶"对话框中，将"输入色阶"下的灰色滑块稍向左拖动，以提高照片中等亮度的像素。

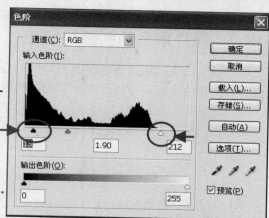

⊕**4** 暂不关闭"色阶"对话框，然后分别拖动"输入色阶"下的黑色和白色滑块，调整照片阴影和高光区域的像素，以增强照片的对比度。

⊕**5** 在"色阶"对话框中，单击"通道"右侧的下拉按钮 ∨，从弹出的下拉列表中选择"红"通道，然后分别拖动"输入色阶"下的黑色和白色滑块，调整照片中"红"通道阴影和高光区域的像素对比度。

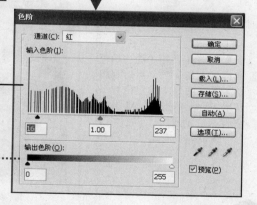

⊕**6** 调整至满意效果后，单击"色阶"对话框中的"确定"按钮，关闭对话框。这样，照片就恢复了正常的影调。

快
乐
学
电
脑

实例 3 照片偏色的判断与校正

在日常生活中，照片偏色是经常遇到的问题。在处理偏色的照片时，首先要判断照片偏重于哪种颜色，然后再针对照片作相关的调整。在 Photoshop 中，校正照片偏色的方法有多种，这里我们介绍利用"色阶"命令校正偏色的方法。首先，我们利用"信息"调板来判断偏色，然后再进行偏色校正。

⊕**1** 打开本书配套光盘"素材与实例\Ph5"文件夹中的"04.jpg"文件，从图中可以看出，照片的色调明显不正常，需要对其进行调整。

⊕**2** 选择"窗口"→"信息"命令，或者按 F8 键，打开"信息"调板，然后在图像的各个地方移动鼠标指针，从"信息"调板中可以查看指针所在位置的颜色信息。

⊕**3** 选择工具箱中的"颜色取样器工具"，然后利用该工具在图像中的黑色裤子和水泥台上单击，创建 3 个取样点，此时，可在"信息"调板中查看这 3 点的颜色信息。

提示

从这 3 个取样点可知，黑色裤子与水泥台本应该是黑白灰色，它们的 RGB 值应该是 R=G=B，现在从各个取样点的颜色信息获知，在 RGB 参数中 B 值较高。也就是说，蓝色较多，照片有点偏蓝。

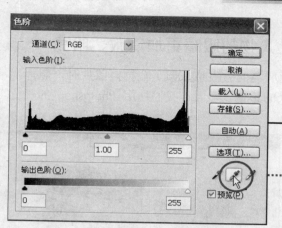

⊕4　打开"色阶"对话框中,在该对话框中单击"在图像中取样以设置灰场"按钮🖊。

⊕5　将鼠标指针移至图像中定义的取样点上并单击,即可看到照片的影调得到了有效的校正。若对校正的效果满意,可单击"确定"按钮关闭对话框。如果对校正的效果不太满意,还可以作进一步调整。

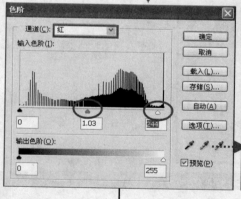

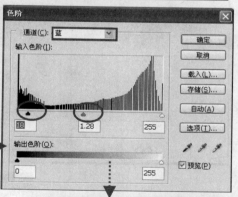

⊕6　重新打开"色阶"对话框,然后分别在"通道"下拉列表框中选择"红"和"蓝"通道,并分别对这2个通道作细致调整,以使照片恢复正常色调。

快乐学电脑

实例4 使用"色阶"命令让人物的眼睛更加清澈、明亮

漂亮的 MM 都想拥有一双清澈而明亮的大眼睛，但是在拍摄照片时，照片中常常会出现眼睛暗淡无光，给人一种无精打采的感觉。下面，我们使用 Photoshop 的"色阶"命令来让你的眼睛明亮起来。

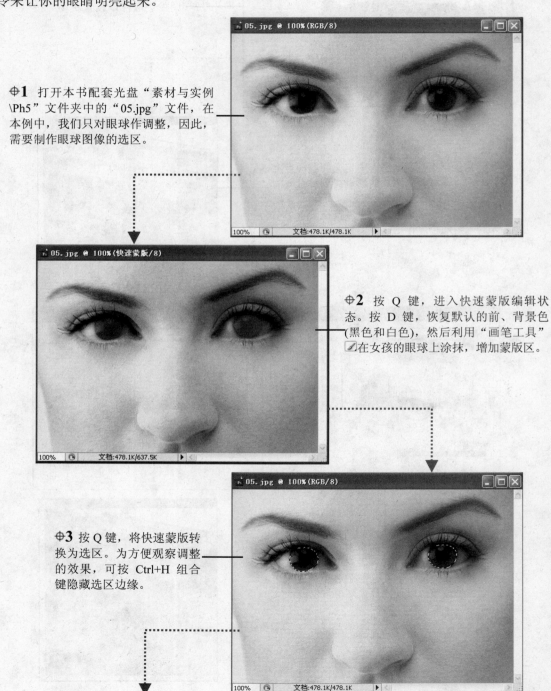

⊕**1** 打开本书配套光盘"素材与实例\Ph5"文件夹中的"05.jpg"文件，在本例中，我们只对眼球作调整，因此，需要制作眼球图像的选区。

⊕**2** 按 Q 键，进入快速蒙版编辑状态。按 D 键，恢复默认的前、背景色(黑色和白色)，然后利用"画笔工具" ✎在女孩的眼球上涂抹，增加蒙版区。

⊕**3** 按 Q 键，将快速蒙版转换为选区。为方便观察调整的效果，可按 Ctrl+H 组合键隐藏选区边缘。

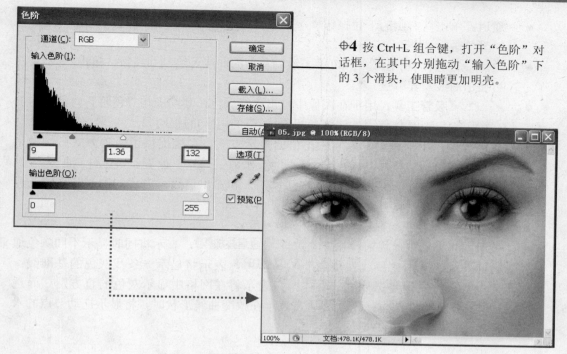

⊕**4** 按 Ctrl+L 组合键，打开"色阶"对话框，在其中分别拖动"输入色阶"下的 3 个滑块，使眼睛更加明亮。

5.2　"曲线"命令

"曲线"命令是 Photoshop 中用途非常广的色调调整命令。它不但可调整图像整体或单独通道的亮度、对比度和色彩，还可调节图像任意局部的亮度，常用于改变物体的亮度、对比度、色彩和质感等。

下面介绍"曲线"命令的功能与用法。

打开一幅照片，选择"图像"→"调整"→"曲线"命令，或者按 Ctrl+M 组合键，即可打开"曲线"对话框，其中各参数的意义分别如下。

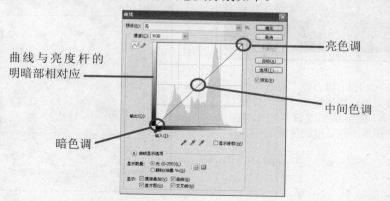

- "曲线"对话框中表格的横坐标代表原图像的色调，而纵坐标代表图像调整后的色调，其变化范围均在 0～255 之间。在曲线上单击可创建一个或多个节点，拖动节点可以调整节点的位置和曲线的形状，从而达到调整图像明暗程度的目的。

- **通道：**单击其右侧的下拉按钮 ，从弹出的下拉列表中选择单色通道，可对单一的颜色进行调整。
- 和 **工具：**利用 工具可手工绘制复杂的曲线。绘制曲线后，单击 工具，可显示曲线及其节点。
- **吸管工具：**用于在图像中单击选择颜色，其功能与"色阶"对话框中的 3 个吸管工具(具体使用方法可参阅 5.1.1 节的内容)的相同。
- **显示数量：**用于设置输入和输出值的显示方式，系统提供了两种方式：一种是"光 (0-255)" ⊙ 光 (0-255)(L)，即绝对值；另一种是"颜料/油墨%" ⊙ 颜料/油墨 %(G)，即百分比。在切换输入和输出值显示方式的同时，系统还将改变亮度杆的变化方向。
- **按钮：**用于控制曲线部分的网格密度。
- **显示：**其中选中"通道叠加"复选框 ☑ 通道叠加(V)，表示将同时显示不同颜色通道的曲线；选中"基线"复选框 ☑ 基线(B)，表示将显示一条浅灰色的基准线；选中"直方图"复选框 ☑ 直方图(H)，表示将在网格中显示灰色的直方图；而选中"交叉线"复选框 ☑ 交叉线(N)，表示在改变曲线形状时，将显示拖动节点的水平和垂直方向的参考线。

实例5 使用"曲线"命令调整照片的影调

下面我们利用"曲线"命令来调整照片的影调，从而进一步学习"曲线"命令的用法。

⊕**1** 打开本书配套光盘"素材与实例\Ph5"文件夹中的"06.jpg"文件，下面我们利用"曲线"命令来调整照片的影调。

⊕**2** 按 Ctrl+M 组合键，打开"曲线"对话框，将鼠标指针置于曲线的中部，按下鼠标左键并向上拖动，使图像中间亮度的像素变亮。

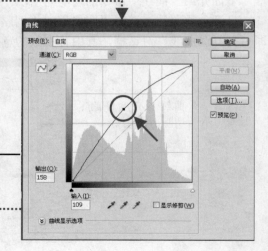

此时，可看到图像变亮了

⊕**3** 暂不关闭"曲线"对话框，然后将鼠标指针置于曲线上部，按下鼠标左键并向上拖动，稍微提高图像高光区域的亮度。此时增强了图像的反差，但是暗调区域有些偏亮，需要进一步调整。

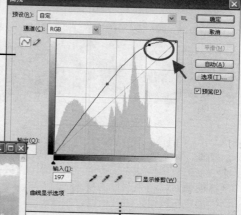

⊕**4** 在"曲线"对话框中将鼠标指针置于曲线的下部，按下鼠标左键并稍向下拖动，轻微降低图像暗调区域的亮度，以增强图像高光与暗调的反差。这样，照片的影调看起来就好多了。

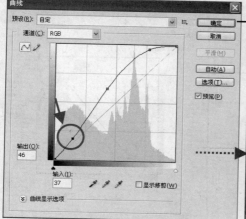

快乐学电脑

实例6 使用"曲线"命令让照片更具层次感

由于拍摄技术和环境因素的制约，导致拍摄的照片缺乏层次感，也就是图像反差不大，整体上感觉灰蒙蒙的，就像被水洗过似的。对于这类问题的照片，我们也可以使用"曲线"命令来进行修复。

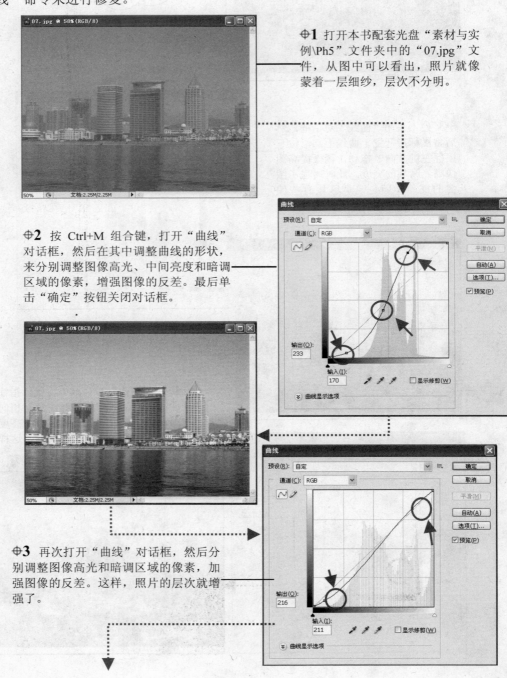

⊕1 打开本书配套光盘"素材与实例\Ph5"文件夹中的"07.jpg"文件，从图中可以看出，照片就像蒙着一层细纱，层次不分明。

⊕2 按 Ctrl+M 组合键，打开"曲线"对话框，然后在其中调整曲线的形状，来分别调整图像高光、中间亮度和暗调区域的像素，增强图像的反差。最后单击"确定"按钮关闭对话框。

⊕3 再次打开"曲线"对话框，然后分别调整图像高光和暗调区域的像素，加强图像的反差。这样，照片的层次就增强了。

从图中可以看到，照片的层次增强了

实例7　使用"曲线"命令恢复暗调区域丢失的颜色

在逆光拍照时，如果补光措施不当，很容易使照片的部分像素处于黑暗的阴影里。对于照片细节丢失不太严重的，我们可以利用 Photoshop 来处理。当然，Photoshop 并非是无所不能的，对于过分曝光不足的照片，也无能为力。

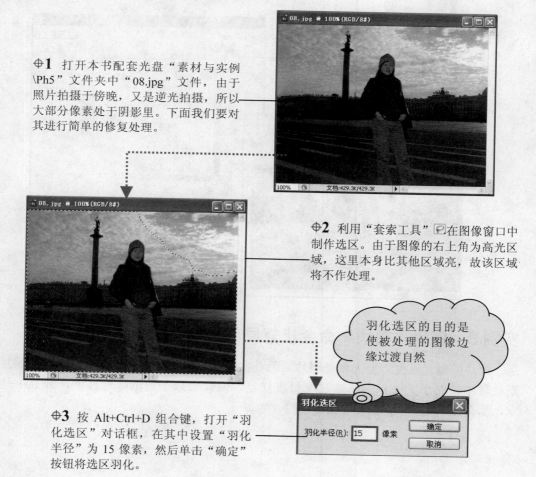

⊕1　打开本书配套光盘"素材与实例\Ph5"文件夹中"08.jpg"文件，由于照片拍摄于傍晚，又是逆光拍摄，所以大部分像素处于阴影里。下面我们要对其进行简单的修复处理。

⊕2　利用"套索工具"　在图像窗口中制作选区。由于图像的右上角为高光区域，这里本身比其他区域亮，故该区域将不作处理。

羽化选区的目的是使被处理的图像边缘过渡自然

⊕3　按 Alt+Ctrl+D 组合键，打开"羽化选区"对话框，在其中设置"羽化半径"为 15 像素，然后单击"确定"按钮将选区羽化。

快乐学电脑

◈4 按 Ctrl+M 组合键，打开"曲线"对话框，在其中调整曲线的形状，来分别提高图像暗调、中间亮度和高光区域像素的亮度，将图像整体调亮。调整好后，关闭对话框确认调整操作。

◈5 再次打开"曲线"对话框，依次调整图像高光和暗调区域的像素，增强图像的对比度。这样，位于阴影区域的像素就显示出来了。

实例8 使用"曲线"命令修复局部曝光现象

照片的曝光过度主要表现是照片颜色苍白缺乏反差，图像层次丢失严重。在照片的后期处理中，对于大面积的曝光过度很难修复，但如果只是局部曝光过度，并且不是很严重，那么在 Photoshop 还是可以修复的。

◈1　打开本书配套光盘材"素材与实例\Ph5"文件夹中"09.jpg"文件，从图中可以看到，由于曝光过度，照片显得过亮致使层次丢失严重，需要对其进行修复。

◈2　按 Ctrl+M 组合键，打开"曲线"对话框，在其中调整曲线的形状，来分别降低图像中间亮度和高光区域像素的亮度，将图像整体调暗。

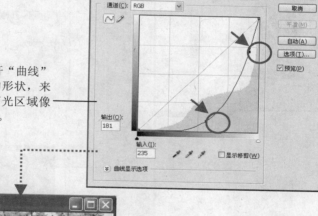

◈3　调整好后单击"确定"按钮，关闭对话框。此时，可看到照片的影调恢复正常了，层次感也增强了，树木也恢复了原有的郁郁葱葱。

实例 9　使用"曲线"命令修复白平衡错误照片

　　数码相机白平衡设置错误会导致照片偏色，对于修复偏色的照片，无论是利用 Photoshop 提供的"色阶"命令还是"曲线"命令来调整都非常简单。下面，我们就利用"曲线"命令来修复白平衡错误的照片。

快乐学电脑

⊕**1** 打开本书配套光盘"素材与实例\Ph5"文件夹中"10.jpg"文件,从图中可以看出,这张照片由于相机的白平衡设置失误,导致照片偏蓝,需要对其进行矫正处理。

⊕**2** 按 Ctrl+M 组合键,打开"曲线"对话框,然后选择其中的"在图像中取样以设置灰场"吸管 ⦸ ,将鼠标指针移至图像窗口中,在图像中的灰色物体上单击。

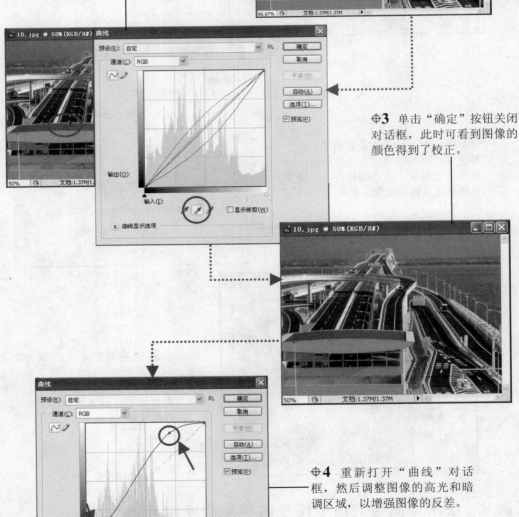

⊕**3** 单击"确定"按钮关闭对话框,此时可看到图像的颜色得到了校正。

⊕**4** 重新打开"曲线"对话框,然后调整图像的高光和暗调区域,以增强图像的反差。

⊕**5** 暂不关闭"曲线"对话框，在其中的"通道"下拉列表中选择"蓝"通道，然后调整曲线形状，降低"蓝"通道图像的亮度并关闭对话框。

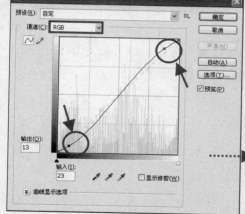

⊕**6** 重新打开"曲线"对话框，并在"通道"下拉列表中选择 RGB 通道，然后调整曲线的形状，来调整图像高光和暗调区域的像素，增强图像的对比度。这样，照片的影调就恢复正常了。

练 一 练

下面我们做一些小练习，以判断你对所学内容的掌握程度。

(1) 在使用"曲线"或"色阶"命令调整图像时，如果用户对设置的参数不满意，可按住_____键，对话框中的"取消"按钮就转变为"复位"按钮，然后单击"复位"按钮即可恢复对话框的默认设置。

(2) 要利用"曲线"或"色阶"命令对图像中的部分区域作调整，可首先制作该区域的_____，然后再对其进行调整。

(3) 在利用"色阶"命令调整图像时，单击"色阶"对话框中的_____按钮，产生的效果与"自动色阶"相似。

快
乐
学
电
脑

(4)　"自动色阶"命令的快捷键是_____。

(5)　要判断一幅照片是否偏色，或者偏重于什么颜色，可利用_____调板来观察图像中各点的颜色信息。

(6)　在修复图像的局部区域时，创建选区后，应当对选区作适当的_____操作，以使被修复区域边缘的颜色自然过渡。

问　与　答

问：在利用"色阶"或"曲线"命令修复图像时，如何在不破坏源图像数据的情况下进行处理操作？

答：由于我们拍摄的数码照片基本上只包含一个图层，也就是"背景"图层，为避免操作失误，在利用"色阶"或"曲线"等命令修复图像前，首先要制作"背景"图层的副本，然后对副本进行操作即可。制作副本图层最简单的方法是，按 Ctrl+J 组合键即可。

问：使用"曲线"命令时有哪些小技巧？

答：在"曲线"对话框中，按住 Alt 键在线格内单击，可使格线加密或稀疏；按住 Shift 键单击控制点，可以同时选中多个控制点；按住 Ctrl 键单击控制点，可将该点删除。

问："自动对比度"命令的作用是什么？

答：选择"图像"→"调整"→"自动对比度"命令，或者按 Alt+Shift+Ctrl+L 组合键，可以自动调整图像整体的对比度，该命令不设置对话框。

第6章 调整照片的色调与色彩（下）

本章学习重点

☞ 图像色彩调整命令
☞ 一般用途的色彩和色调调整命令
☞ 特殊用途的色彩调整命令

在本章中，我们主要学习 Photoshop 的图像色彩调整命令的使用方法，如"色相/饱和度"、"色彩平衡"、"替换颜色"和"可选颜色"命令等。利用这些命令不仅可以校正图像的色彩，还可以改变图像原有的色彩，以获得不同的显示效果。

此外，Photoshop 还提供了大量的一般用途和特殊用途的色调与色彩调整命令，利用它们可以制作出特殊效果的图像，从而使照片处理变得丰富多彩，以满足不同工作领域的需求。

6.1 图像色彩调整命令

在 Photoshop 中，常用的色彩调整命令有"色相/饱和度"、"色彩平衡"、"可选颜色"、"替换颜色"、"匹配颜色"和"通道混合器"命令。下面，我们将分别介绍这些命令的特点及用法。

6.1.1 "色相/饱和度"命令

利用"色相/饱和度"命令可改变图像的颜色、为黑白照片上色，以及调整单个颜色成分的"色相"、"饱和度"和"明度"。

打开一幅图，选择"图像"→"调整"→"色相/饱和度"命令，或者按 Ctrl+U 组合键，即可打开"色相/饱和度"对话框，其中各选项的意义如下。

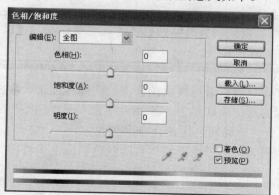

- **编辑**：在其下拉列表框中可以选择要调整的颜色。其中，选择"全图"可一次性调整所有颜色。如果选择其他单色，则调整参数时只对所选的颜色起作用。
- **色相**：即我们常说的颜色，在该文本框中输入数值或左右拖动滑块可调整图像的颜色。
- **饱和度**：在该文本框中输入数值或左右拖动滑块可调整图像的饱和度。
- **明度**：在该文本框中输入数值或左右拖动滑块可调整图像的亮度。
- **着色**：选中该复选框，可使灰色或彩色图像变为单一颜色的图像，此时在"编辑"下拉列表框中默认为"全图"。

6.1.2 "色彩平衡"与"自动颜色"命令

利用"色彩平衡"命令可以调整图像的总体混合效果，该命令通常用于一般的色彩校正。打开一幅图，选择"图像"→"调整"→"色彩平衡"命令，或者按 Ctrl+B 组合键，即可打开"色彩平衡"对话框，其中各选项的意义如下。

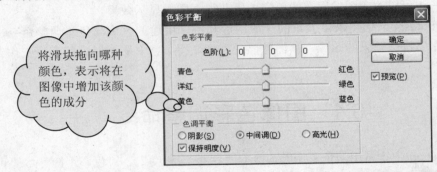

- **色彩平衡**：在"色阶"右侧的文本框中输入数值或者直接用鼠标拖动其下方的 3 个滑块，可调整图像的色彩构成。当 3 个数值均为 0 时，图像色彩无变化。
- **色调平衡**：用于选择需要着重进行调整的色调范围，包括"阴影"、"中间调"和"高光" 3 个单选按钮。
- **保持明度**：选中该复选框，表示防止图像的亮度值随颜色的更改而改变。该选项可以保持图像的色调平衡。

提示

要利用"色彩平衡"命令调整图像色彩，首先要确保在"通道"调板中选择了复合通道(即 RGB 或 CMYK 通道)，该命令才可用。

利用"自动颜色"命令可以通过搜索图像中的明暗程度来表现图像的暗调、中间调和高光，以自动调整图像的对比度和颜色。选择"图像"→"调整"→"自动颜色"命令，或者按 Shift+Ctrl+B 组合键，即可利用该命令调整图像。

下面，我们分别利用"色彩平衡"与"自动颜色"命令调整图像。

⊕**1** 打开本书配套光盘子"素材与实例\Ph6"文件夹中的"01.jpg"文件,下面先利用"自动颜色"命令来调整图像。

⊕**2** 按 Shift+Ctrl+B 组合键,利用"自动颜色"命令调整图像。从图中可以看到,照片的颜色发生了轻微的变化,其效果也不理想。按 Ctrl+Z 组合键,恢复到未执行该命令前的状态。

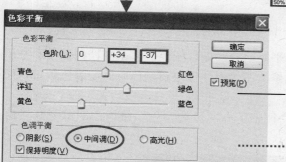

⊕**3** 下面利用"色彩平衡"命令来调整图像。按 Ctrl+B 组合键,打开"色彩平衡"对话框,下面我们先来调整图像中间调的色彩平衡,增加图像中的绿色成分,使前景中的草更绿。

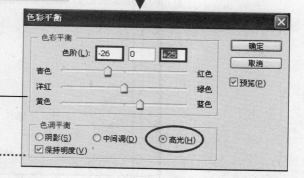

⊕**4** 暂不关闭"色彩平衡"对话框,然后选中"高光"单选按钮,并拖动颜色滑块,调整图像高光区域的色彩平衡,增加图像中的蓝色,使天空更蓝。

快
乐
学
电
脑

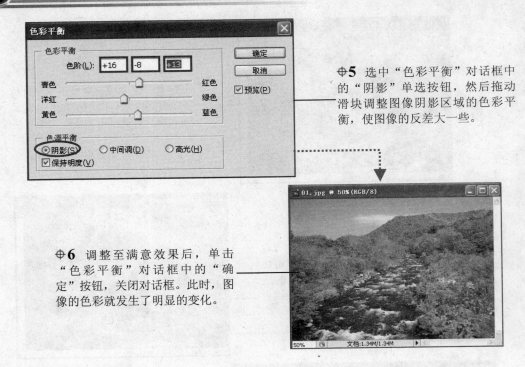

Φ5 选中"色彩平衡"对话框中的"阴影"单选按钮，然后拖动滑块调整图像阴影区域的色彩平衡，使图像的反差大一些。

Φ6 调整至满意效果后，单击"色彩平衡"对话框中的"确定"按钮，关闭对话框。此时，图像的色彩就发生了明显的变化。

6.1.3 "可选颜色"命令

"可选颜色"命令用于校正色彩不平衡问题和调整颜色，它是高档扫描仪和分色程序使用的一项色彩调整功能，可有选择地修改图像中任何主要颜色中的印刷色数量，而不会影响其他主要颜色。

打开一幅图像，选择"图像"→"调整"→"可选颜色"命令，即可打开"可选颜色"对话框，其中各选项的意义如下。

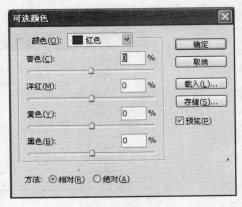

- **颜色**：在该下拉列表框中可以选择要调整的颜色。
- **青色、洋红、黄色、黑色**：先在"颜色"下拉列表框中选择某种颜色，然后通过拖动滑块或在右侧的文本框中输入数值来调整所选颜色的成分，其取值范围在 -100%～100%之间。
- **方法**：选中"相对"单选按钮，表示按照总量的百分比更改现有的青色、洋红、黄色和黑色量；选中"绝对"单选按钮，表示按绝对值调整颜色。

下面，我们通过一个小实例来学习"可选颜色"命令的具体用法，其操作方法如下。

　　◆1 打开本书配套光盘"素材与实例
　　　　\Ph6"文件夹中的"02.jpg"文件，下
　　　　面我们利用"可选颜色"命令来调整
　　　　图像的色彩，使图像中的树叶更红。

　　◆2 选择"图像"→"调整"→"可选颜色"命令，打开"可选颜色"
　　对话框，在"颜色"下拉列表框中依次选择"红色"、"黄色"、"绿
　　色"和"青色"，然后分别拖动颜色滑块调整所选颜色的成分。

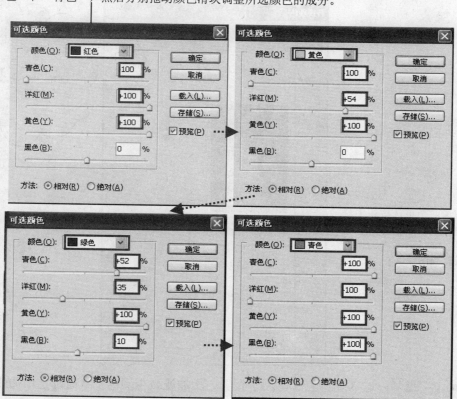

⊕**3** 调整至满意的效果后，单击"确定"按钮关闭"可选颜色"对话框。从图中可以看到，树叶变红了。

6.1.4 "替换颜色"命令

　　利用"替换颜色"命令可以用某种颜色来替换图像中某些选定的颜色。打开要调整的图像，选择"图像"→"调整"→"替换颜色"命令，即可打开"替换颜色"对话框，其中各选项的意义如下。

单击该色块，可以在打开的"选择目标颜色"对话框中自定义被替换的颜色

在这两个单选按钮中选中一个，表示分别在预览区显示选区内的图像或整幅图像。

- ● 　：这 3 个吸管工具用于设置、增加或减少颜色，从而确定增加或减少要替换颜色的区域。
- ● **颜色容差：**用于调整替换颜色的图像范围，该值越大，被替换颜色的图像区域就越大。
- ● **替换：**用于调整图像的色相、饱和度和明度的值，使其产生一种替换色。设置的颜色将显示在"结果"颜色块中，调整的同时可以看到源图像也在相应变化。

6.1.5　"匹配颜色"命令

利用"匹配颜色"命令可以将当前图像或当前图层中的图像的颜色与其他图层中的图像或其他图像文件中的图像相匹配,从而改变当前图像的主色调。此外,该命令可通过更改图像的亮度和色彩范围,以及中和色调来调整图像中的颜色。该命令仅适用于 RGB 模式的图像。

打开要调整的图像,选择"图像"→"调整"→"匹配颜色"命令,即可打开"匹配颜色"对话框,其中各选项的意义如下。

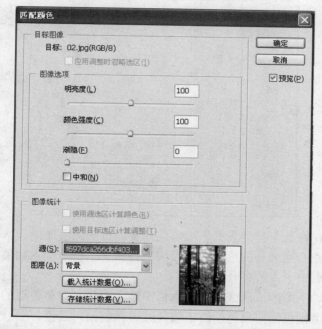

- **图像选项**：用于调整目标图像的亮度、色彩饱和度,以及应用于目标图像的调整量。选中"中和"复选框表示匹配颜色时自动移去目标图层中的色痕。
- **图像统计**：用于设置匹配颜色的图像来源和所在的图层。在"源"下拉列表框中列出了当前 Photoshop 打开的其他图像文件,用户可以选择用于匹配颜色的图像文件,而所选图像的缩略图将显示在右侧预览框中。如果用于匹配的图像含有多个图层,可在"图层"下拉列表框中指定用于匹配颜色的图像所在图层。

提示

利用"匹配颜色"命令可将一个图像(源图像)的颜色与另一个图像(目标图像)相匹配。如果要让不同照片中的颜色看上去一致,或者当一个图像中特定元素的颜色(如肤色)必须与另一个图像中某个元素的颜色相匹配时,该命令非常有用。

6.1.6 "通道混合器"命令

"通道混合器"命令主要是用当前颜色通道的混合值来修改颜色通道。利用该命令可以替换通道并且能控制替换的程度，还可以让用户对图像进行创造性的颜色调整、创建高品质的灰度图像等。

打开要调整的图像，选择"图像"→"调整"→"通道混合器"命令，即可打开"通道混合器"对话框，其中各选项的意义如下。

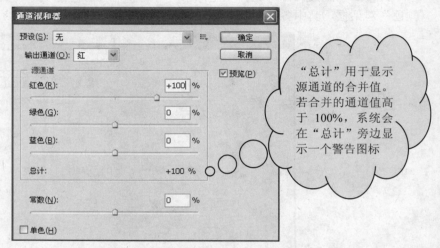

> "总计"用于显示源通道的合并值。若合并的通道值高于 100%，系统会在"总计"旁边显示一个警告图标

- **输出通道**：在其下拉列表框中可以选择要调整的颜色通道。
- **源通道**：左右拖动各颜色通道的滑块或在其文本框中输入数值，可以调整源通道在输出通道中所占的百分比。
- **常数**：拖动下面的滑块或在其文本框中输入数值可调整通道的不透明度。其中，负值使通道颜色偏向黑色，而正值使通道颜色偏向白色。
- **单色**：选中该复选框，表示对所有输出通道应用相同的设置，此时将会把图像转换为灰度图像。

下图所示为利用"通道混合器"命令调整图像前后的对比。

调整前   调整后

实例1 使用"色相/饱和度"命令使照片的色彩更鲜艳

五彩斑斓的景色总能吸引游人用相机记录下这美丽的瞬间，但遗憾的是，原本鲜艳的色彩拍摄出来却没有当初绚丽的感觉。下面，我们利用"色相/饱和度"命令使照片的色彩更加鲜艳。

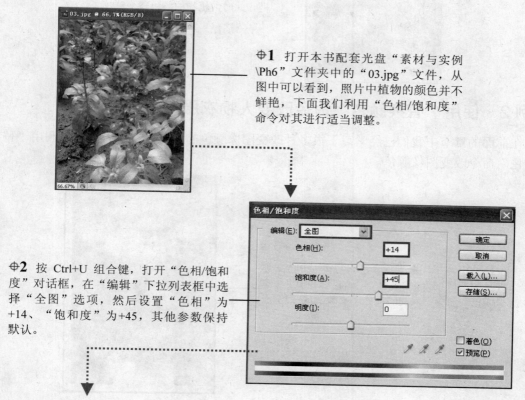

①1 打开本书配套光盘"素材与实例\Ph6"文件夹中的"03.jpg"文件，从图中可以看到，照片中植物的颜色并不鲜艳，下面我们利用"色相/饱和度"命令对其进行适当调整。

①2 按 Ctrl+U 组合键，打开"色相/饱和度"对话框，在"编辑"下拉列表框中选择"全图"选项，然后设置"色相"为+14、"饱和度"为+45，其他参数保持默认。

①3 暂不关闭"色相/饱和度"对话框，在"编辑"下拉列表框中依次选择"绿色"和"蓝色"，然后分别调整这两种颜色的色相和饱和度值，使照片中植物的色彩更加鲜艳。

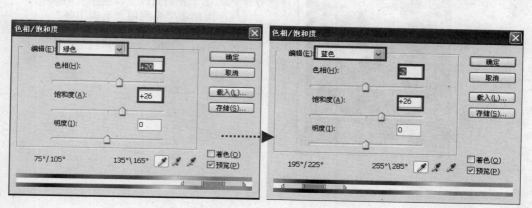

快乐学电脑

⊕**4** 调整至满意效果后，单击"色相/饱和
度"对话框中的"确定"按钮，关闭对话
框。此时，植物的颜色就变鲜艳了。

实例2　使用"替换颜色"命令改变人物衣服的颜色

在前面的章节中我们已经学习了很多种改变图像颜色的方法，下面再来学习利用"替换颜色"命令改变图像颜色。

⊕**1**　打开本书配套光盘"素材与实例\Ph6"文
件夹中的"04.jpg"文件，下面我们利用"替
换颜色"命令将人物的红色上衣改变成绿色。

⊕**2**　由于我们只改变红色上衣的颜
色，因此需要先利用"套索工具"
制作红色上衣的大致选区，然后
按 Ctrl+H 组合键，隐藏选区边缘。

3 选择"图像"→"调整"→"替换颜色"命令，打开"替换颜色"对话框，单击其中的"添加到取样"按钮，然后在图像窗口的红色衣服上单击，设置要调整的基本色，最后设置"颜色容差"为80，并选中整个红色上衣。

4 在"替换颜色"对话框的"替换"选项组中分别设置"色相"为+117，"饱和度"为-36，并将"替换色"设置为绿色。此时，红色上衣变成了绿色。调整好后，单击"确定"按钮，关闭对话框即可。

实例3 使用"匹配颜色"命令轻松匹配肤色

在本例中，我们将使用"匹配颜色"命令将两幅照片的颜色相匹配，从而进一步学习该命令的用法。

1 打开本书配套光盘"素材与实例\Ph6"文件夹中的"05.jpg"和"06.jpg"文件，其中将"06.jpg"文件作为源图像，而将"05.jpg"作为目标图像，并将"05.jpg"设置为当前窗口。

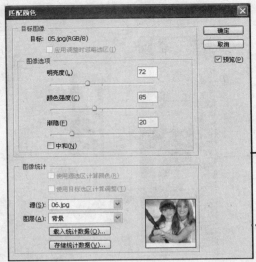

⊕2 选择"图像"→"调整"→"匹配颜色"命令，打开"匹配颜色"对话框，单击"源"下拉列表框右侧的下拉按钮，在下拉列表中选择"06.jpg"，然后在"图像选项"设置区设置相关参数。

⊕3 调整至满意效果后，单击"确定"按钮，关闭"匹配颜色"对话框。此时图像"05.jpg"的颜色与"06.jpg"的相匹配了。

实例4　给黑白照片上色

给黑白照片上色就是赋予照片色彩，还原其"本来面目"。下面，我们就利用"色相/饱和度"命令为黑白照片上色。

⊕1 打开本书配套光盘"素材与实例\Ph6"文件夹中的　"07.jpg"文件，从图中可以看到，这是一幅灰色的 RGB 模式的图像，下面我们要为其进行上色操作。

提示

　　如果用户没有现成的黑白照片，可以选择一幅彩色照片，然后选择"图像"→"调整"→"去色"命令将照片去色，再进行上色练习操作即可。在上色操作前，还要提醒用户，最好先创建一个副本图像，以避免操作错误而更改源图像的像素。

⊕**2** 利用快速蒙版制作人物皮肤的选区，并按 Ctrl+H 组合键，隐藏选区边缘。

提示

　　制作好一个选区后，为避免操作错误而导致的重复操作，用户可以利用"通道"调板将选区存储为 Alpha 通道，以方便再次使用。此外，用户还可利用"历史记录"调板为某个操作步骤创建一个快照，以方便执行恢复操作。

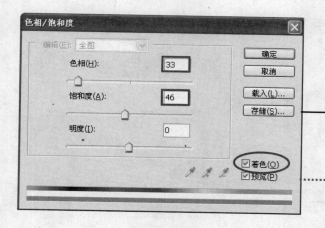

⊕**3** 按 Ctrl+U 组合键打开"色相/饱和度"对话框，先选中"着色"复选框，然后设置"色相"为 33、"饱和度"为 46，其他参数保持默认。

◌4 调整至满意效果后，单击"确定"按钮关闭"色相/饱和度"对话框。此时，可看到人物的皮肤被着色(此时需要取消选区)。但是，人物的眼球和眼白都与肤色相同，因此需要进一步处理。

◌5 打开"历史记录"调板，将"设置历史记录画笔的源" 设置在打开图像快照的左侧，然后用"历史记录画笔工具" 在眼球和眼白区域涂抹，将它们恢复到打开图像时的状态。

◌6 利用快速蒙版将人物的眼球制作成选区，并隐藏选区边缘。

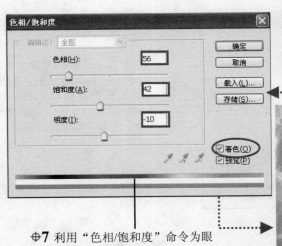

◌7 利用"色相/饱和度"命令为眼球上色，并取消眼球选区。

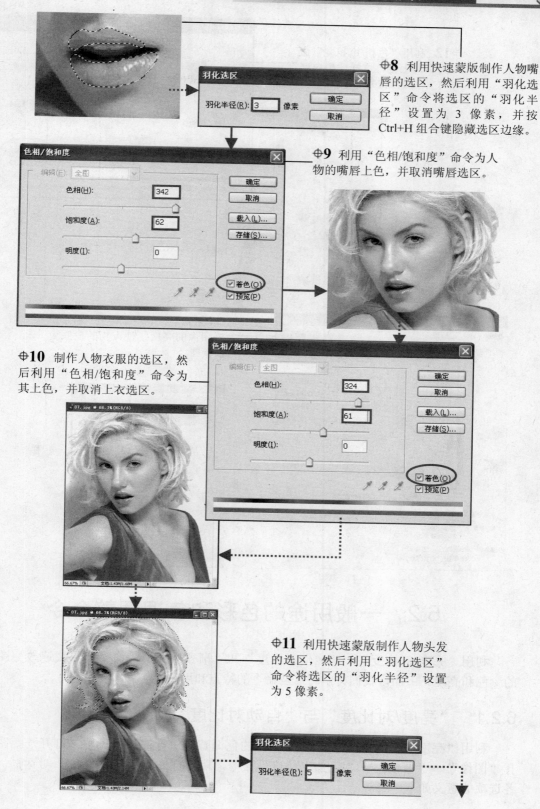

⊕**8** 利用快速蒙版制作人物嘴唇的选区，然后利用"羽化选区"命令将选区的"羽化半径"设置为 3 像素，并按 Ctrl+H 组合键隐藏选区边缘。

⊕**9** 利用"色相/饱和度"命令为人物的嘴唇上色，并取消嘴唇选区。

⊕**10** 制作人物衣服的选区，然后利用"色相/饱和度"命令为其上色，并取消上衣选区。

⊕**11** 利用快速蒙版制作人物头发的选区，然后利用"羽化选区"命令将选区的"羽化半径"设置为 5 像素。

快乐学电脑

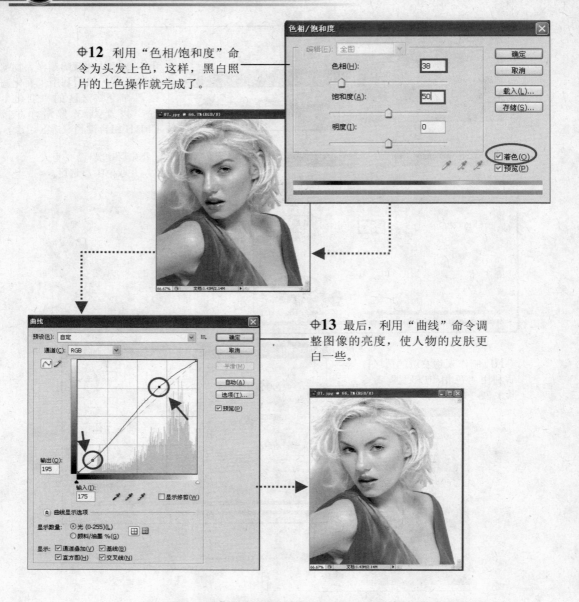

⊕12 利用"色相/饱和度"命令为头发上色,这样,黑白照片的上色操作就完成了。

⊕13 最后,利用"曲线"命令调整图像的亮度,使人物的皮肤更白一些。

6.2 一般用途的色彩和色调调整命令

利用"亮度/对比度"、"自动对比度"和"渐变映射"等命令可以快速改变图像中的颜色和亮度。下面,我们将学习这些命令的特点和用法。

6.2.1 "亮度/对比度"与"自动对比度"命令

利用"亮度/对比度"命令可以对图像的色调范围进行简单的调整。打开一幅图,选择"图像"→"调整"→"亮度/对比度"命令,即可打开"亮度/对比度"对话框,其中各选项的意义如下。

- **亮度**：将下面的滑块向左拖动或者在其文本框中输入的数值为负值时，表示降低图像的亮度；将下面的滑块向右拖动或在其文本框中输入的数值为正值时，表示增加图像的亮度；该值为 0 时，图像无变化。
- **对比度**：将下面的滑块向左拖动或者在其文本框中输入的数值为负值时，表示降低图像的对比度；将下面的滑块向右拖动或在其文本框中输入的数值为正值时，表示增加图像的对比度；该值为 0 时，图像无变化。

下图所示为利用"亮度/对比度"命令调整图像前、后对比。

利用"自动对比度"命令可以自动调整图像整体的对比度。该命令没有设置对话框，要利用它调整图像，用户只需选择"图像"→"调整"→"自动对比度"命令，或者按 Alt+Shift+Ctrl+L 组合键即可。

下图所示为利用"自动对比度"命令调整图像前、后的对比。

调整前　　　　　　　　　　　　　　　　　调整后

6.2.2 "渐变映射"命令

利用"渐变映射"命令可以根据各种渐变颜色对图像进行颜色调整。打开一幅图，选择"图像"→"调整"→"渐变映射"命令，即可打开"渐变映射"对话框，其中各选项的意义如下。

- **灰度映射所用的渐变**：单击颜色框右侧的下三角按钮 ，在弹出的渐变颜色列表中选择要使用的渐变颜色；也可单击中间的颜色框，在打开的"渐变编辑器"对话框中编辑所需的渐变颜色。
- **仿色**：选中该复选框，可以使渐变项过渡更加均匀。
- **反向**：选中该复选框，将实现反转渐变。

下图所示为利用"渐变映射"命令调整图像前、后的对比。

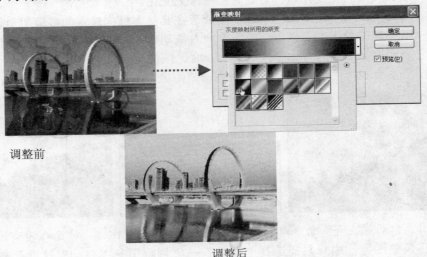

调整前

调整后

6.2.3 "照片滤镜"命令

"照片滤镜"命令是模仿在相机镜头前面加一个彩色滤镜，从而使用户可以通过选择不同颜色的滤镜来调整图像的颜色。此外，该命令还允许用户选择预设的颜色对图像进行颜色调整。

打开要调整的图像，选择"图像"→"调整"→"照片滤镜"命令，即可打开"照片滤镜"对话框，其中各参数的意义如下图所示。

选中"颜色"单选按钮，并单击右侧的色块，可在打开的"选择滤镜颜色"对话框中自定义颜色。

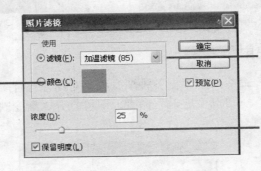

选中"滤镜"单选按钮，可在其右侧的下拉列表框中选择系统预设的颜色。

调整应用于图像的颜色数量，浓度值越高，颜色调整范围就越广。

下图所示为利用"照片滤镜"调整图像前、后的对比。

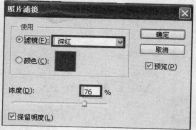

调整前   调整后

6.2.4 "阴影/高光"命令

　　"阴影/高光"命令适用于校正由强逆光而形成剪影的照片，或者校正由于太接近相机闪光灯而有些发白的焦点。在用其他方式采光的图像中，这种调整也可用于使暗调区域变亮。

　　"阴影/高光"命令不是简单地使图像变亮或变暗，它基于暗调或高光中的周围像素(局部相邻像素)增亮或变暗，该命令允许分别控制暗调和高光。其主要用于修复具有逆光问题的图像。

　　打开要调整的图像，选择"图像"→"调整"→"阴影/高光"命令，打开"阴影/高光"对话框，选中对话框中的"显示其他选项"复选框，即可展开对话框，其中各参数的意义如下图所示。

用于调整光照校正量。该值越大，为阴影提供的增亮程度或为高光提供的变暗程度越大。

用于控制每个像素周围的局部相邻像素的大小。

用于调整图像中间调区域的对比度。

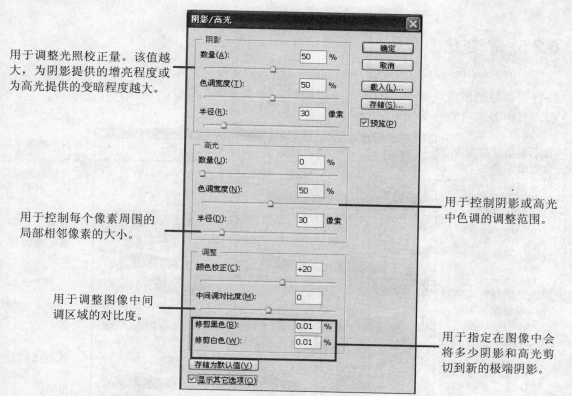

用于控制阴影或高光中色调的调整范围。

用于指定在图像中会将多少阴影和高光剪切到新的极端阴影。

　　下图所示为利用"阴影/高光"命令调整图像前、后的对比。

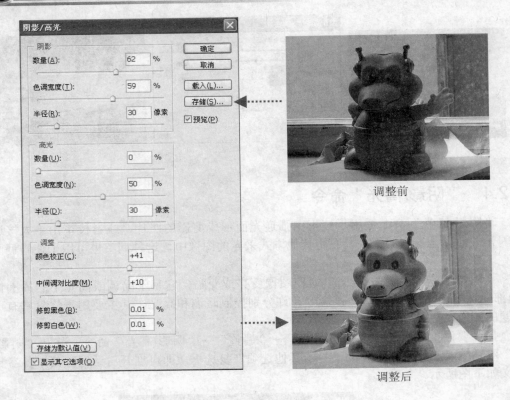

调整前

调整后

6.2.5 "变化"命令

利用"变化"命令可直观地调整图像或选区内的图像的色彩平衡、对比度和饱和度等。打开要调整的图像，选择"图像"→"调整"→"变化"命令，即可打开"变化"对话框，其中各选项的意义如下图所示。

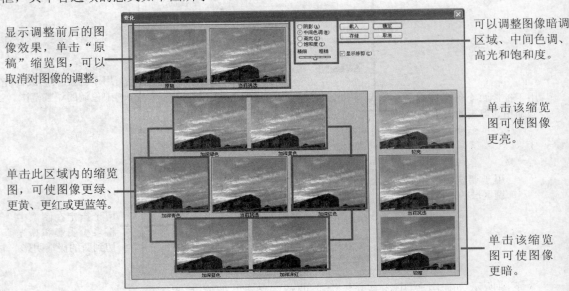

显示调整前后的图像效果，单击"原稿"缩览图，可以取消对图像的调整。

单击此区域内的缩览图，可使图像更绿、更黄、更红或更蓝等。

可以调整图像暗调区域、中间色调、高光和饱和度。

单击该缩览图可使图像更亮。

单击该缩览图可使图像更暗。

下图所示为利用"变化"命令调整图像前、后的对比。

调整前　　　　　　　　　　　　　　　　　调整后

6.2.6 "曝光度"命令

利用"曝光度"命令可以调整 HDR(一种接近现实世界视觉效果的高动态范围图像)的图像的色调，它也可用于 8 位和 16 位图像。"曝光度"是通过在线性颜色空间(灰度系数为 1.0)而不是图像的当前颜色空间执行计算而得出的。

打开要调整的图像，选择"图像"→"调整"→"曝光度"命令，即可打开"曝光度"对话框，其中各选项的意义如下。

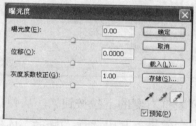

- **曝光度**：用于调整色调范围的高光端，对极限阴影的影响很轻微。
- **位移**：左右拖动下面的滑块或在其文本框中输入数值可使阴影和中间调变暗或变亮，对高光的影响很轻微。
- **灰度系数校正**：使用简单的乘方函数可调整图像的灰度系数。
- **"吸管工具"   **：分别单击"设置黑场"、"设置灰点"和"设置白场"按钮，然后在图像中最暗、最亮或中等亮度的位置单击，可使图像整体变暗或变亮。

下图所示为利用"曝光度"命令调整图像前、后的对比。

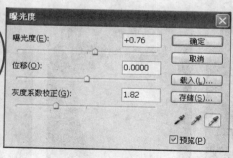

调整前　　　　　　　　　　　　　　　　　　　　　　　调整后

6.2.7 "黑白"命令

利用"黑白"命令可将彩色图像转换成灰色图像，并可对单个颜色成分作细致的调整。另外，利用该命令，用户还可为调整后的灰色图像着色，将其变为单一颜色的彩色图像。

打开要调整的图像，选择"图像"→"调整"→"黑白"命令，即可打开"黑白"对话框，其中各选项的意义如下。

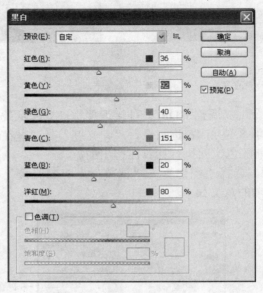

- **预设**：单击其下拉列表框右侧的下拉按钮 ，从弹出的下拉列表中可选择系统预设或自定义的灰度混合效果。其中选择"自定"选项表示用户可以通过调整各颜色滑块来确定灰度混合效果。
- **各颜色滑块**：用于调整图像中单个颜色成分在灰色图像中的色调，向左拖动滑块可使所选的颜色成分变暗，向右拖动滑块可使该颜色成分变亮。
- **色调**：选中该复选框后，"色相"和"饱和度"选项即被激活，拖动这两个滑块，可将灰色图像转换为单一颜色的图像。

原图　　　　　　　　　　灰度图像　　　　　　　　　　单一颜色效果

实例5　制作非主流色调照片

下面，我们利用前面介绍的色彩和色调调整命令来制作非主流色调照片。具体制作方法如下。

⊕**1**　打开本书配套光盘"素材与实例\Ph6"文件夹中的 "08.jpg"文件，按 Ctrl+A 组合键全选图像。

⊕**2**　选择"选择"→"修改"→"收缩"命令，打开"收缩选区"对话框，在其中设置"收缩量"为 45 像素，然后单击"确定"按钮将选区向内收缩。

⊕**3**　按 Shift+Ctrl+I 组合键，将选区反选。

⊕**4**　选择"图像"→"调整"→"渐变映射"命令，打开"渐变映射"对话框，单击渐变颜色框，在弹出的渐变颜色列表中选择"蓝色、红色、黄色"，然后单击"确定"按钮关闭对话框。

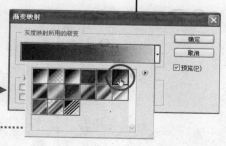

快
乐
学
电
脑

⊕**5** 此时，选区内的图像就被叠加了渐变图案。

⊕**6** 选择"选择"→"变换选区"命令，在选区的四周显示自由变形框，然后将选区缩小。

⊕**7** 按 Ctrl+U 组合键，打开"色相/饱和度"对话框，首先选中"着色"复选框，然后分别设置"色相"为 62、"饱和度"为 85、"明度"为 30。

⊕**8** 设置好参数后，单击"确定"按钮，利用"色相/饱和度"命令调整选区内的图像。

⊕**9**　利用"变换选区"命令再次将选区缩小。

⊕**10**　选择"图像"→"调整"→"照片滤镜"命令，打开"照片滤镜"对话框，在其中选中"滤镜"单选按钮，然后在其右侧的下拉列表框中选择"冷却滤镜(82)"选项，并设置"浓度"为100%。

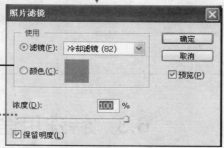

⊕**11**　调整至满意效果后，单击"确定"按钮，利用"照片滤镜"命令调整选区内的图像，并取消选区。

⊕**12**　利用"矩形选框工具" 在图像的中央绘制一个矩形选区。

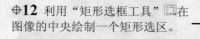

快乐学电脑

159

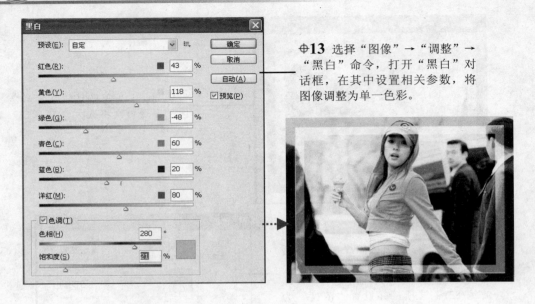

13 选择"图像"→"调整"→"黑白"命令，打开"黑白"对话框，在其中设置相关参数，将图像调整为单一色彩。

6.3　特殊用途的色彩调整命令

6.3.1　"去色"命令

　　利用"去色"命令可以去除整幅图像或选区内图像的彩色，将其转换为灰度图像。要利用该命令，用户只需在打开的图像文件中选择"图像"→"调整"→"去色"命令，或按 Shift+Ctrl+U 组合键即可。

 提示

　　"去色"命令和将图像转换成"灰度"模式都能制作黑白图像，但"去色"命令不更改图像的颜色模式。

　　下图所示为利用"去色"命令调整图像前、后的对比。

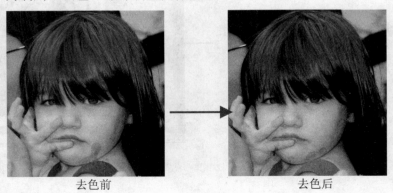

去色前　　　　　　　　　　　　　　　　去色后

6.3.2 "反相"命令

利用"反相"命令可以将图像的色彩进行反相，以源图像的补色显示。打开一幅图，选择"图像"→"调整"→"反相"命令，或按 Ctrl+I 组合键，即可使用该命令调整图像。该命令是唯一一个不丢失颜色信息的命令，用户只需再次执行该命令，即可恢复源图像。

下图所示为利用"反相"命令调整图像前、后的对比。

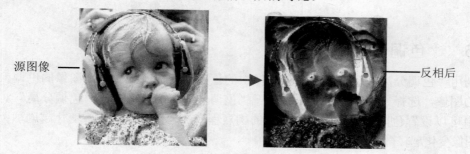

源图像 —— ——反相后

6.3.3 "阈值"命令

利用"阈值"命令可以将一个灰度或彩色图像转换为高对比度的黑白图像。打开一幅图，选择"图像"→"调整"→"阈值"命令，打开"阈值"对话框，在其中指定某个色阶作为阈值，所有比该阈值亮的像素都会被转换为白色，而所有比该阈值暗的像素都会被转换为黑色。

下图所示为利用"阈值"命令调整图像前、后的对比。

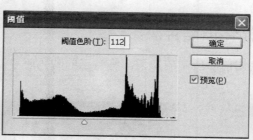

调整前 调整后

6.3.4 "色调均化"命令

利用"色调均化"命令可以均匀地调整整个图像的色调亮度。打开一幅图，选择"图像"→"调整"→"色调均化"命令，即可使用该命令调整图像。此时，系统会将图像中最亮的像素转换为白色，而将最暗的像素转换为黑色，其余的像素也作相应的调整。

下图所示为利用"色调均化"命令调整图像前、后的对比。

快乐学电脑

调整前　　　　　　　　　　　　　　调整后

6.3.5　"色调分离"命令

利用"色调分离"命令可以调整图像中的色调亮度，减少并分离图像的色调。打开要调整的图像，选择"图像"→"调整"→"色调分离"命令，打开"色调分离"对话框，在其中可以设置色阶值来决定图像变化的剧烈程度。其值越小，图像变化越剧烈；其值越大，图像变化越轻微。

下图所示为利用"色调分离"命令调整图像前、后的对比。

调整前　　　　　　　　　　　　　　　　　　　　　　　　调整后

实例6　制作单色调怀旧照片

在本节中，我们将利用前面所学的知识，将自己的数码照片制作成单色调怀旧照片。具体的制作方法如下。

◈1　打开本书配套光盘"素材与实例\Ph6"文件夹中的 "09.jpg"和"10.jpg"文件，下面我们将这两幅图像合成加工为一幅老照片。

⊕**2** 利用"移动工具"⊞将"10.jpg"图像移至"09.jpg"图像窗口中,按 F7 键,打开"图层"调板,然后将人物图像所在"图层1"的混合模式设置为"滤色",制作出老照片的破损效果。

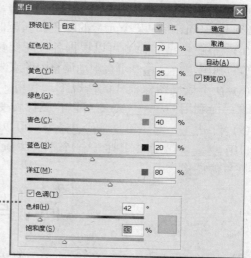

⊕**3** 选择"图像"→"调整"→"黑白"命令,打开"黑白"对话框,在其中设置相关参数,将人物图像调整成单一颜色。

⊕**4** 此时,人物图像已经呈现出泛黄的旧照片效果。

快乐学电脑

练 — 练

下面我们做一些小练习，以判断你对所学内容的掌握程度。

(1) 要利用"色相/饱和度"命令制作单一颜色的图像，应选中"色相/饱和度"对话框中_____。

(2) 打开"色相/饱和度"对话框的快捷键是_____。

(3) 按_____组合键，可以利用"自动对比度"命令来调整照片。

(4) 在"替换颜色"对话框中设置"颜色容差"的值，用于控制_____颜色的图像范围。

(5) 如果要让不同照片中的颜色看上去一致，或者当一个图像中特定元素的颜色(如肤色)必须与另一图像中某个元素的颜色相匹配时，可使用_____命令。

(6) 利用_____命令可以根据各种渐变颜色对图像进行颜色调整。

(7) 利用_____命令可直观地调整图像或选区内的图像的色彩平衡、对比度和饱和度等。

(8) 在不改变图像模式的情况下，利用_____或_____命令可以将图像转换成灰度图像；而利用_____命令可以将图像转变成高对比度的黑白图像。

(9) 利用_____或_____命令，可以将彩色或灰度图像制作成单一颜色的图像。

(10) _____命令是唯一一个不丢失颜色信息的命令，用户只需再次执行该命令，即可恢复源图像。

问 与 答

问：打开一幅黑白照片的图像后，要为照片进行上色操作，为什么"图像"→"调整"命令下的部分命令无法使用？

答：遇到这类问题时，首先要检查图像的颜色模式，如果图像是灰度模式，则需要将其转换为 RGB、CMYK 或 Lab 模式后，方可利用色彩调整命令为其上色。

问：利用"色相/饱和度"命令调整图像时，是不是饱和度的值越高图像越鲜艳？

答：虽然提高图像的饱和度可以使图像变得更加鲜艳，但是提高图像的饱和度也是有限度的，用户要根据图像的实际情况来调整。如果饱和度的值设置得过高，将会破坏图像的色彩和谐，致使得到的效果适得其反。

问：利用"替换颜色"命令替换图像中的颜色时，如何快速定义所需的替换颜色？

答：用户可以在打开的"替换颜色"对话框中单击结果颜色块，然后在打开的"选择目标颜色"对话框中设置所需的替换色即可。

问：利用色调和色彩调整命令处理选区内的图像后，为什么选区内的图像的边缘有时能看到处理痕迹？

答：为减少这一问题的出现，往往在制作选区后，先对选区进行适当的羽化，然后再进行色调和色彩调整，这样就会使选区内的图像的边缘自然过渡。

第7章 图层在数码照片中的应用

本章学习重点

☞ 图层的类型与特点
☞ 图层的基本编辑方法
☞ 图层样式与图层蒙版的使用方法

图层是 Photoshop 中一项非常重要的功能,在 Photoshop 中,几乎每项操作都是基于图层产生的。在前面的内容中我们曾多次提到过图层,并通过改变图层的混合模式和不透明度、调整图层顺序,以及应用图层蒙版来制作图像融合效果,从而方便我们合成图像。在本章中,我们将详细介绍图层功能,以使读者更好地使用 Photoshop 来处理数码照片,从而为业余生活增添更多乐趣。

7.1 图层概览

对于初学者来说,图层是一个比较抽象的概念。简单地讲,我们可以将图层比喻成一张张叠加起来的透明胶片,而每张透明胶片上都有不同的画面,这样层层叠加就构成了一幅完美的图像。我们可以单独对每层胶片上的图像作处理,而不会影响其他层的图像。改变图层的顺序和属性即可改变图像的显示效果。

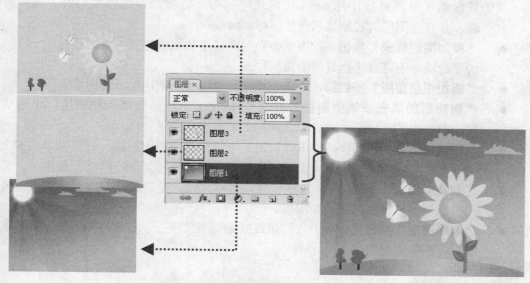

在 Photoshop 中,系统对图层的管理主要依靠"图层"调板和"图层"菜单来完成,用户可以通过它们来创建、删除、重命名图层,调整图层顺序,创建图层组、图层蒙版,

为图层添加效果等。

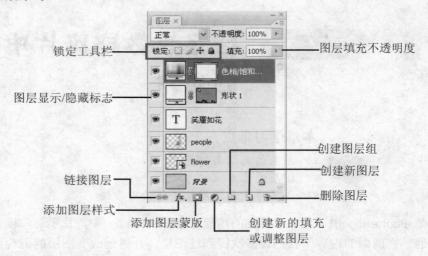

锁定工具栏 ——————— 图层填充不透明度

图层显示/隐藏标志 ———————

创建图层组
创建新图层

链接图层 ———————

删除图层

添加图层样式 ———————

添加图层蒙版

创建新的填充
或调整图层

- **锁定工具栏**[图] / ✛ 🔒：系统提供了 4 种锁定工具，单击"锁定透明像素"按钮 [图] 表示禁止在透明区绘画；单击"锁定图像像素"按钮 / 表示禁止编辑该层；单击"锁定位置"按钮 ✛ 表示禁止移动该层图像，但可以编辑图层内容；单击"锁定全部"按钮 🔒 表示禁止对该图层的一切操作。

- **图层填充不透明度**：用于设置当前图层内部图像的不透明度(只改变图层内部图像的不透明度，而不影响对其添加的图层样式)。

- **当前图层**：在"图层"调板中，以蓝色条显示的图层为当前图层。

- **图层显示/隐藏标志** 👁：用于显示或隐藏图层。当图层的左侧显示 👁 图标时，表示图像窗口将显示该图层的图像。单击 👁 图标，图标消失并隐藏该图层的图像。

- **图层链接标志** ⊂⊃：在"图层"调板中选择两个或两个以上图层时，链接图标 ⊂⊃ 被激活。单击链接图标 ⊂⊃，可将选中的图层链接，在编辑图层时一起进行编辑，并且在图层的右侧显示链接图标 ⊂⊃。

- **"添加图层样式"按钮** ƒ：用于为当前图层添加图层样式，单击该按钮，在弹出的下拉菜单中可以选择具体的图层样式。

- **"添加图层蒙版"按钮** [图]：单击该按钮，可以为当前图层添加图层蒙版。

- **"创建新的填充或调整图层"按钮** ⊘：用于创建填充或调整图层，单击该按钮，在弹出的下拉菜单中可以选择相关的调整命令。

- **"创建图层组"按钮** [图]：单击该按钮，可以创建新的图层组，它可以包含多个图层，并可将这些图层作为一个对象进行查看、选择、复制、移动等操作。

- **"创建新图层"按钮** [图]：单击该按钮，可以创建一个新的空白图层。如果将某个图层拖至该按钮，可复制该图层。

- **"删除图层"按钮** [图]：单击该按钮可以删除当前图层。如果将某个图层拖至该按钮，可删除选定图层。

7.1.1 图层的类型与特点

在 Photoshop 中，用户可根据需要创建多种类型的图层，如普通图层、文字图层、调整图层等，本节我们将具体介绍这些图层的创建方法及特点。

1. 背景图层

新建的图像或不包含图层信息的图像通常只包含一个图层，那就是背景图层。背景图层具有如下特点。

- 背景图层永远都在最下层。
- 在背景图层上可用"画笔工具"、"铅笔工具"、"图章工具"、"渐变工具"、"油漆桶工具"等绘画和修饰工具进行绘画。
- 无法对背景图层添加图层样式和图层蒙版。
- 背景图层中不能包含透明区。
- 当用户清除背景图层中的选定区域时，该区域将以当前设置的背景色来填充，而对于其他图层而言，被清除的区域将成为透明区。
- 要想将背景图层转换为普通图层，可选择"图层"→"新建"→"背景图层"命令。

2. 普通图层

要创建一个普通图层，用户可执行下述操作之一。

- 单击"图层"调板中的"创建新图层"按钮 ，可创建一个完全透明的空白图层。
- 选择"图层"→"新建"→"图层"命令，或者按 Shift+Ctrl+N 组合键，也可创建新图层。此时系统将打开"新建图层"对话框，利用该对话框可设置图层的名称、基本颜色、不透明度和色彩混合模式。

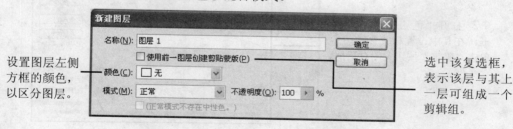

设置图层左侧方框的颜色，以区分图层。

选中该复选框，表示该层与其上一层可组成一个剪辑组。

- 在剪贴板上复制一幅图片后，选择"编辑"→"粘贴"命令也可创建普通图层。

提示

按 Alt+Shift+Ctrl+N 组合键，可快速创建新图层。新建图层总位于当前图层之上，并自动成为当前图层。若双击图层名称，可为其重命名。

3. 调整图层

在 Photoshop 中，我们不但可以直接使用"色阶"、"曲线"、"色彩平衡"等命令调整图像的色调和色彩，还可以通过创建调整图层来达到此目的。调整图层具有如下几个特点。

- 调整图层相当于把"色阶"、"曲线"等图像色调和色彩调整命令置于一个单独的图层中。
- 调整图层对于图像的调整属于"非破坏性调整"。也就是说，我们可以随时通过删除或关闭调整图层来恢复图像的原貌。当然，我们也可以随时双击调整图层来更改其内容。
- 与单纯执行"色阶"、"曲线"等命令不同，使用"色阶"、"曲线"等命令只作用于当前图层的图像，而调整图层则作用于其下方的全部图层。

要创建调整图层，可执行如下操作。

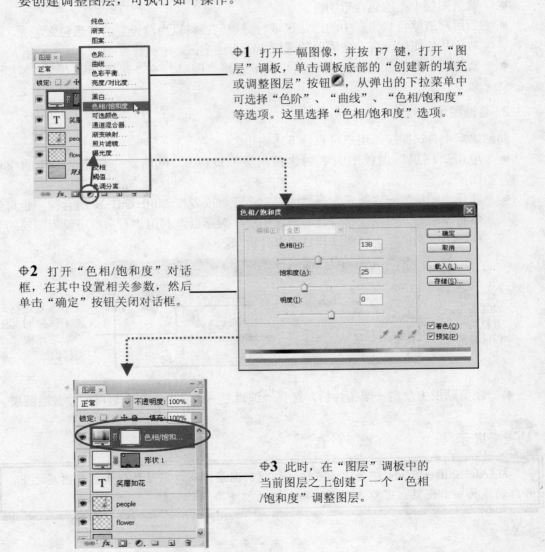

⊕**1** 打开一幅图像，并按 F7 键，打开"图层"调板，单击调板底部的"创建新的填充或调整图层"按钮，从弹出的下拉菜单中可选择"色阶"、"曲线"、"色相/饱和度"等选项。这里选择"色相/饱和度"选项。

⊕**2** 打开"色相/饱和度"对话框，在其中设置相关参数，然后单击"确定"按钮关闭对话框。

⊕**3** 此时，在"图层"调板中的当前图层之上创建了一个"色相/饱和度"调整图层。

与调整图层相关的编辑操作分别如下。

- 若对调整图层的效果不满意，可双击"调整图层"缩览图，然后在打开的设置对话框中重新调整。
- 调整图层是一个带蒙版的图层，单击"蒙版"缩览图，然后用各种绘图工具在图像窗口进行编辑操作，可编辑蒙版内容，从而改变调整图层的效果。
- 要撤销对所有图层的调整效果，可单击调整图层左侧的 👁 图标，关闭图层显示即可；要撤销对某一图层的调整效果，只需将调整图层移至该图层的下方即可。
- 要删除调整图层，只需将其拖至调板底部的"删除图层"按钮 🗑 上即可。

4. 填充图层

填充图层是一种带蒙版的图层，其内容可为"纯色"、"渐变"或"图案"。填充图层主要有，可随时更换其内容，可将其转换为调整图层，还可通过编辑蒙版制作融合效果的特点。

要创建填充图层，可执行如下操作。

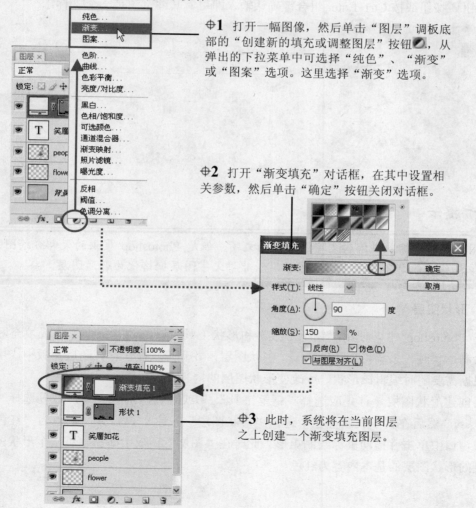

⊕1 打开一幅图像，然后单击"图层"调板底部的"创建新的填充或调整图层"按钮，从弹出的下拉菜单中可选择"纯色"、"渐变"或"图案"选项。这里选择"渐变"选项。

⊕2 打开"渐变填充"对话框，在其中设置相关参数，然后单击"确定"按钮关闭对话框。

⊕3 此时，系统将在当前图层之上创建一个渐变填充图层。

快乐学电脑

与填充图层相关的操作分别如下。

- 如果用户希望改变填充图层的内容或将其转换为调整图层，可选择"图层"→"更改图层内容"命令中的相关命令。
- 如果用户希望编辑填充图层，可选择"图层"→"图层内容"命令或双击"图层"调板中的填充图层缩览图，此时将再次打开参数设置对话框。
- 对于填充图层而言，用户只能更改其内容，而不能在其上进行绘画。因此，如果用户希望将填充图层转换为带蒙版的普通图层(此时可在图层上绘画)，可选择"图层"→"栅格化"→"填充内容"或"图层"命令。

5. 文字图层

文字图层是创建、编辑文字信息的图层。文字图层的创建非常简单，用户只需选择"横排文字工具" T 或"直排文字工具" IT ，在图像窗口中单击并输入文字(可先在其工具属性栏中设置文字大小、颜色等属性)，然后单击其工具属性栏中的"提交所有当前编辑"按钮 ✔ 按钮或按 Ctrl+Enter 组合键确认输入即可。其缩览图是一个 T 标志。

提示

> 　　用户可随时输入或编辑文字图层中的文字，但是 Photoshop 提供的大部分绘图工具和图像编辑功能却不能用于文字图层，除非将文字图层栅格化为普通图层。

6. 形状图层

在 Photoshop 中，使用"钢笔工具"和形状工具可以绘制路径、形状或填充区。其中，绘制形状时，系统将自动创建一个形状图层，并且形状被保存在图层蒙版中。用户以后可根据需要随时编辑该形状，或改变形状图层的内容。

要创建形状图层，首先应选择"钢笔工具" 或者任意形状工具，这里选择"矩形工具" ，然后在其工具属性栏中选择"形状图层"按钮 ，设置前景色为"红色"，在图像窗口中单击并拖动鼠标绘制矩形。此时在"图层"调板中即新建了一个形状图层，而绘制的形状图层的基本内容为红色。

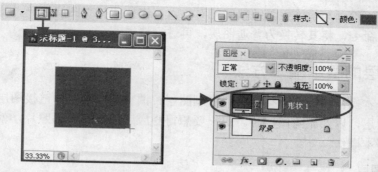

与形状图层相关的操作分别如下。

- 与调整图层、填充图层蒙版不同的是，由于形状被保存在蒙版中，因此，用户无法编辑形状图层的蒙版内容，而只能利用形状编辑工具调整形状的外观。
- 选择"图层"→"栅格化"→"形状"或"图层"命令，可将形状图层转换为不带蒙版的普通层，然后再进行编辑。
- 选择"图层"→"栅格化"→"填充内容"命令，可将形状图层转换为带形状蒙版的普通图层(此时可在图层上绘画)。
- 选择"图层"→"更改图层内容"菜单中的"色阶"、"曲线"等命令，可将形状图层转换为带形状蒙版的调整图层。
- 选择"图层"→"栅格化"→"矢量蒙版"命令，可将形状蒙版转换为普通蒙版。

7. 智能对象

智能对象是一个包含 Photoshop 或矢量图像(如 Photoshop 或 Illustrator 文件)数据的图层。当我们更新源文件时，这些变化将自动反映到当前文件中。在 Photoshop CS3 中，我们可以对智能对象应用非破坏性滤镜效果，并能随时修改滤镜参数和删除滤镜效果，而源图像不受影响。

要创建智能对象，可以执行如下任意操作。

- 选择"文件"→"打开为智能对象"或"置入"命令，可以将打开或置入的文件(Photoshop 可支持的文件格式包括 TIF、JPG、PSD、AI 等)生成为智能对象。
- 在 Illustrator 程序中，使用"复制"命令将矢量图形复制到剪贴板，然后切换到 Photoshop 程序中，再使用"粘贴"命令即可创建一个智能对象。
- 选中任意图层(调整与填充图层除外)，然后选择"图层"→"智能对象"→"转换为智能对象"命令，或者选择"滤镜"→"转换为智能滤镜"命令均可。

与智能对象相关的编辑操作分别如下。

- 在"图层"调板中，双击智能对象的缩览图，即可打开源文件进行修改。
- 在 Photoshop 中，用户可以对智能对象执行诸如缩放、旋转、扭曲等非破坏性操作，而不影响源文件中的数据。
- 用户可以对智能对象应用非破坏性滤镜("抽出"、"液化"、"消失点"和"图案生成器"除外)，并可以随时编辑对其应用的滤镜，其中包括打开/关闭滤镜、重新调整滤镜参数和删除滤镜等。

- 要使用绘画与修饰工具编辑智能对象，首先要选择"图层"→"栅格化"→"图层"命令，将其转换为普通图层，再进行编辑。

7.1.2 图层的基本编辑方法

图层的基本操作包括：选择图层、复制图层、调整图层顺序、链接图层、合并图层、隐藏与显示图层，以及删除图层等。用户要想得心应手地处理数码照片，就需要熟练掌握这些图层的基本操作。

1. 选择图层

在 Photoshop CS3 中，如果用户要编辑某个图层，首先要选中该图层并将其设置为当前图层；如果图像中包含了多个图层，根据操作需要，用户可同时选择多个连续或不连续的图层，以便对它们同时进行移动、缩放、对齐与分布等操作。选择多个图层的方法如下。

- 要选择多个连续的图层，可在按住 Shift 键的同时单击首尾两个图层。
- 要选择多个不连续的图层，可在按住 Ctrl 键的同时单击要选择的图层。这里需要注意的是，按住 Ctrl 键单击时，不要单击图层的缩览图，否则将载入该图层的选区，而不是选中该图层。
- 要选择所有图层(背景图层除外)，可选择"选择"→"所有图层"命令，或按 Alt+Ctrl+A 组合键。
- 要选择所有相似图层(与当前图层类似的图层)，如选择当前图像中的所有文字图层，可先选中一个文字图层，然后选择"选择"→"相似图层"命令即可。

2. 删除和复制图层

要删除和复制图层，可执行如下操作。

①1 将要删除的图层拖至"删除图层"按钮🗑上；选择"图层"调板快捷菜单中的"删除图层"命令；或选择"图层"→"删除"→"图层"命令，均可删除图层。

提示

　　确保当前所选工具为"移动工具"，在"图层"调板中选中一个或多个图层后，按 Delete 键，也可删除图层。

中2 在"图层"调板中选择要复制的图层，然后将其拖至调板底部的"创建新图层"按钮上；选择"图层"调板快捷菜单中的"复制图层"命令；或选择"图层"→"复制图层"命令，均可对图层进行复制。

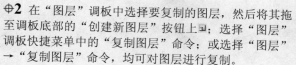

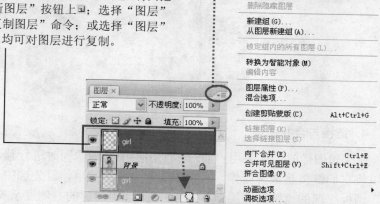

提示

如果用户制作了选区，则可以在图像窗口中右击，然后从弹出的快捷菜单中选择"通过拷贝的图层"或"通过剪切的图层"命令，或者按Ctrl+J组合键，系统则会将选区内的图像创建为新图层。

3. 调整图层的叠放次序

由于图像中的图层是自上而下叠放的，因此，在编辑图像时，调整图层的叠放顺序即可改变图像的显示效果。要调整图层的叠放顺序，用户只需简单地在"图层"调板中将选定的图层拖到指定位置即可。

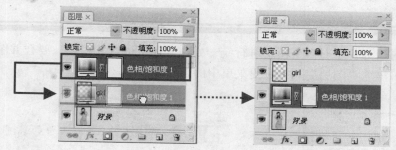

另外，在"图层"调板中选择要改变顺序的图层，使其成为当前图层，然后利用"图层"→"排列"菜单中的相关命令也可改变图层的排列顺序。

选定图层后，按相应的快捷键可快速改变图层顺序

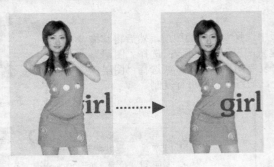

4. 链接与合并图层

在编辑图像时，如果用户要对多个图层中的图像同时进行移动、变形、对齐等操作，可以将它们链接起来再操作。链接图层的方法很简单，首先选中多个图层，然后单击"图层"调板底部的"链接图层"按钮 ⚭，当选中图层的右侧显示 ⚭ 符号时，即表示建立了链接关系。

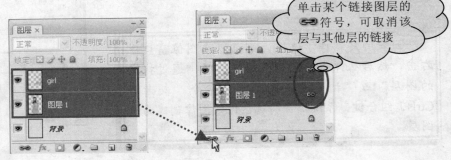

单击某个链接图层的 ⚭ 符号，可取消该层与其他层的链接

提示

在 Photoshop CS3 中，我们还可以不创建链接图层，而直接对多个选中的图层进行移动、变形、对齐等操作。另外，如果某个图层与背景图层链接的话，将无法移动任何一个链接图层。

在编辑图像时，为便于对多个图层进行统一处理，还可以合并图层。要合并图层，可选择"图层"主菜单或"图层"调板快捷菜单中的合适菜单项。

选择两个或两个以上的图层后，则"向下合并"选项会变为"合并图层"，选择该命令会将当前选中的图层合并

- **向下合并：**表示可将当前图层与其下方的图层合并。
- **合并可见图层：**合并图像中的所有可见图层(即"图层"调板中显示 ◉ 图标的图层)。
- **拼合图像：**合并所有图层，并在合并过程中丢弃隐藏的图层。

5. 对齐与分布图层

在编辑图像的过程中，有时为了版面的整洁、统一，我们经常要将几个图层向左、向右、向上、向下、居中对齐，或者平均分布，这时我们可利用 Photoshop 提供的对齐与分布功能。

要对齐图层，首先要选择多个图层或链接相关图层，然后选择"图层"→"对齐"菜单中的相关命令即可。

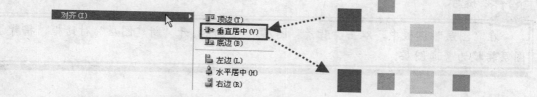

同样，要平均分布图层，也需要先选择多个图层或链接相关图层，然后选择"图层"→"分布"菜单中的相关命令即可。

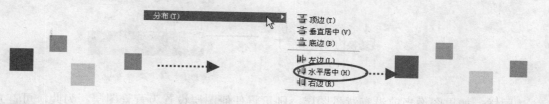

提示

选中图层后，选择"移动工具" ，然后在其工具属性栏中单击相应的对齐、分布按钮 、 ，也可对图层执行对齐与分布操作。

6. 背景图层与普通图层之间的转换

打开的数码照片通常只包含一个图层——背景图层，而背景图层一般存在一些特殊限制，例如，它在图层列表中只能位于最下面，无法对其添加图层样式，不能包含透明区及图层蒙版等。因此，如果用户要对背景图层进行处理的话，应先将其转换为普通图层。

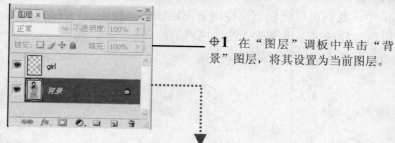

① **1** 在"图层"调板中单击"背景"图层，将其设置为当前图层。

快乐学电脑

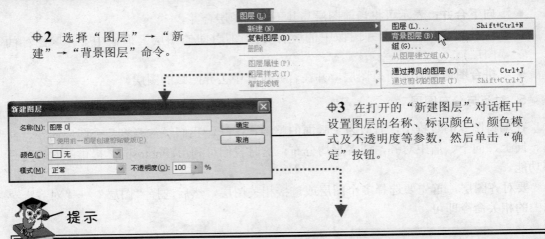

中2　选择"图层"→"新建"→"背景图层"命令。

中3　在打开的"新建图层"对话框中设置图层的名称、标识颜色、颜色模式及不透明度等参数，然后单击"确定"按钮。

提示

在"图层"调板中，双击"背景"图层，也可以打开"新建图层"对话框，将背景图层转换为普通图层。

中4　这样，背景图层就被转换为普通图层了。

同样，如果图像当前没有背景图层，则可将任何图层设置为背景图层。为此，可首先选中某个图层，然后选择"图层"→"新建"→"图层背景"命令，此时该图层将被转换为背景图层，并被自动放置于图层列表的最底部。

提示

将普通图层转换为背景图层时，其透明区将以当前背景色填充，并且添加到该图层上的各种图层样式将被直接合并到图层中。

7.1.3　使用图层样式

在 Photoshop 中，我们可以轻松、快捷地为图层添加各种样式，包括投影、发光、斜面和浮雕等，利用这些样式可以迅速改变图层内容的外观。

要为图层添加图层样式，可执行如下操作。

⊕1 在"图层"调板中，选中要添加图层样式的图层，然后单击调板底部的"添加图层样式"按钮，并从弹出的下拉菜单中选择所需的样式，这里选择"外发光"命令。

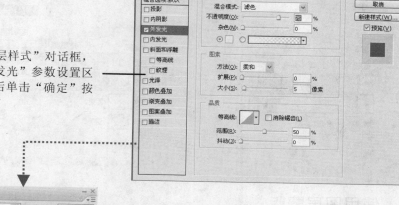

⊕2 打开"图层样式"对话框，在其中的"外发光"参数设置区设置参数，然后单击"确定"按钮关闭对话框。

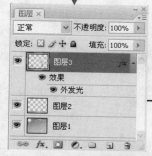

⊕3 在"图层"调板中，添加图层样式后的图层的右侧会显示和图标。其中符号表明该层执行了样式处理，而单击符号可打开或关闭显示该图层样式的列表。

提示

在"图层"调板中任一图层(背景图层除外)右侧的空白区域双击，即可打开"图层样式"对话框。

与图层样式相关的操作分别如下。

- 在"图层"调板中双击某图层右侧的 *fx* 图标，可再次打开"图层样式"对话框，对其中的参数进行重新设置或修改。
- 要删除图层样式，只需将不需要的样式拖至"图层"调板底部的"删除图层" 按钮上，或者选择"图层"→"图层样式"→"清除图层样式"命令即可。
- 要复制图层样式可以在"图层"调板中，按住 Alt 键的同时单击并拖动 *fx* 图标至目标图层释放鼠标即可。另外，右击源图层上的 *fx* 图标，在弹出的快捷菜单中选择"复制图层样式"命令，然后在目标图层上右击，在弹出的快捷菜单中选择"粘贴图层样式"命令也可复制图层样式。

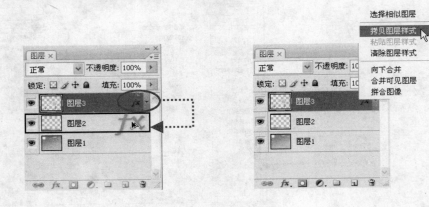

7.1.4　使用图层蒙版

图层蒙版是建立在当前图层上的一个遮罩，用于遮盖当前图层中不需要的图像来控制图像的显示范围，以制作图像融合效果，从而增强图像处理的灵活性。

图层蒙版可分为两类，一类为普通的图层蒙版，另一类为矢量蒙版。下面将分别介绍。

1. 创建普通的图层蒙版

图层蒙版实际上是一幅 256 色的灰度图像，其白色区域为完全透明区，黑色区域为完全不透明区，而其他灰色区域为半透明区。要创建图层蒙版，可使用如下几种方法。

- 如果当前图层为普通图层(不是背景图层)，可直接在"图层"调板中单击"添加图层蒙版"按钮 ，此时系统将为当前图层创建一个空白蒙版。

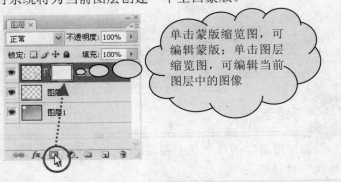

单击蒙版缩览图，可编辑蒙版；单击图层缩览图，可编辑当前图层中的图像

- 利用"图层"→"添加图层蒙版"菜单中的各菜单项也可制作图层蒙版。

- 选择"编辑"→"贴入"命令，也可创建图层蒙版。

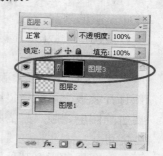

提示

> 在按住 Alt 键的同时，单击"添加图层蒙版"按钮 ，可创建一个全黑的蒙版，表示当前图层中的图像被完全隐藏。

提示

> 创建图层蒙版后，如果图层中不存在选区，则创建一个空白蒙版，表示没有区域被遮盖；如果在图层中创建了选区，则该选区将转换为一个蒙版，选区以外的区域均被遮盖。

2. 创建矢量蒙版

对于矢量蒙版而言，其内容为一个矢量图形，它通常是由"钢笔工具"或形状工具来创建的。

要创建矢量蒙版，可以执行如下操作。

- 通过绘制形状，可创建带矢量蒙版的形状图层。选择工具箱中的"钢笔工具" 或任意形状工具，然后在其工具属性栏中选择"形状图层"按钮 ，再在图像窗口中绘制形状即可创建矢量蒙版。
- 利用"钢笔工具" 或任意形状工具绘制路径后，选择"图层"→"添加矢量蒙版"→"当前路径"命令，也可创建矢量蒙版。

3. 编辑蒙版

当用户为某个图层创建蒙版后，该图层实际上就生成了两幅图像，一幅是该图层的源图像，另一幅就是蒙版图像。

- 编辑图层蒙版与前景色有关，当前景色为黑色时，用"画笔工具" 和"渐变工具" 在蒙版中绘画可增加蒙版区，用"橡皮擦工具" 在蒙版中擦除可减少蒙版区；当前景色为白色时，用"画笔工具" 和"渐变工具" 在蒙版中绘画可减少蒙版区，用"橡皮擦工具" 在蒙版中擦除可增加蒙版区。

提示

> 使用绘图工具编辑图层蒙版时，在绘图工具属性栏中，通过调整不透明度可控制蒙版的透明程度。

- 与普通的图层蒙版相比，矢量蒙版中保存的是矢量图形，用户无法使用"渐变工具"、"画笔工具"等绘图工具编辑矢量蒙版,而只能使用路径编辑工具来改变矢量蒙版的外观。

- 要停用图层蒙版(矢量蒙版),可在"图层"调板中右击蒙版缩览图,然后从弹出的快捷菜单中选择"停用图层蒙版"选项(此后该命令将变为"启用图层蒙版"),这时在图层蒙版上会出现一个红色的"×"号,表示蒙版被禁用。要重新打开蒙版,可选择"图层"→"启用图层蒙版"命令。
- 要删除图层蒙版,只需将蒙版缩览图拖向"图层"调板底部的"删除图层"按钮上即可。
- 要复制图层蒙版至其他图层,只需在按住 Alt 键的同时,将蒙版缩览图拖向目标图层,然后释放鼠标即可。
- 按住 Ctrl 键,单击蒙版缩览图可以将蒙版转换成选区。

7.2　图层的应用

掌握了图层的基本类型与编辑方法后,下面我们来看看图层在数码照片处理中的实际应用,并从中了解图层功能各方面的优点与使用技巧。

实例1　利用图层快速改变照片效果

在本例中,我们利用简单的复制图层和设置图层混合模式,并配合"色相/饱和度"命令、"色阶"命令和"高斯模糊"滤镜的应用来改变数码照片的色彩,使其呈现出梦幻般的紫色。

⊕1 打开本书配套光盘"素材与实例\Ph7"文件夹中的"01.jpg"文件,下面我们将除人物以外的区域的颜色改变成紫色。

⊕2 首先利用快速蒙版制作人物图像的选区。

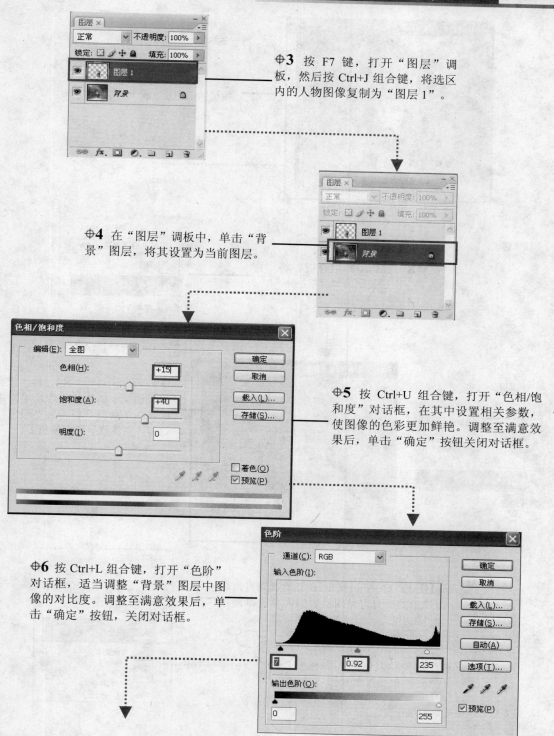

⊕**3** 按 F7 键，打开"图层"调板，然后按 Ctrl+J 组合键，将选区内的人物图像复制为"图层 1"。

⊕**4** 在"图层"调板中，单击"背景"图层，将其设置为当前图层。

⊕**5** 按 Ctrl+U 组合键，打开"色相/饱和度"对话框，在其中设置相关参数，使图像的色彩更加鲜艳。调整至满意效果后，单击"确定"按钮关闭对话框。

⊕**6** 按 Ctrl+L 组合键，打开"色阶"对话框，适当调整"背景"图层中图像的对比度。调整至满意效果后，单击"确定"按钮，关闭对话框。

快
乐
学
电
脑

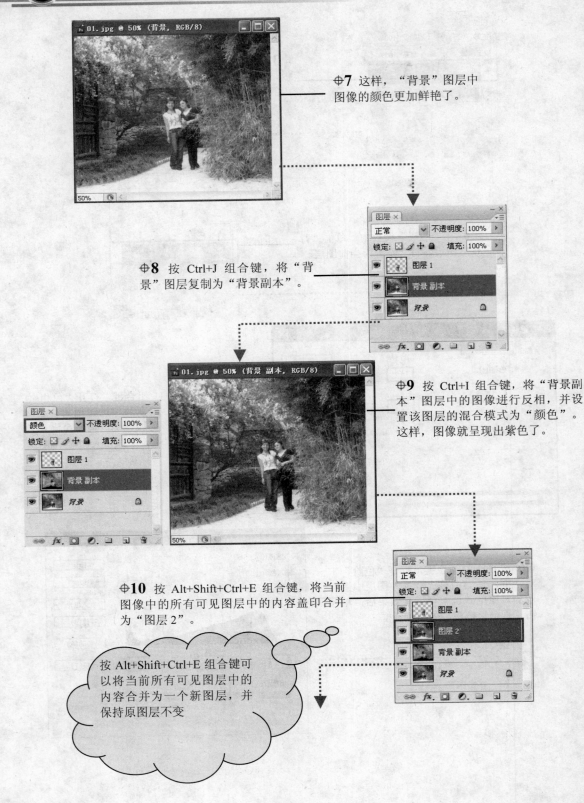

⊕**7** 这样，"背景"图层中图像的颜色更加鲜艳了。

⊕**8** 按 Ctrl+J 组合键，将"背景"图层复制为"背景副本"。

⊕**9** 按 Ctrl+I 组合键，将"背景副本"图层中的图像进行反相，并设置该图层的混合模式为"颜色"。这样，图像就呈现出紫色了。

⊕**10** 按 Alt+Shift+Ctrl+E 组合键，将当前图像中的所有可见图层中的内容盖印合并为"图层2"。

按 Alt+Shift+Ctrl+E 组合键可以将当前所有可见图层中的内容合并为一个新图层，并保持原图层不变

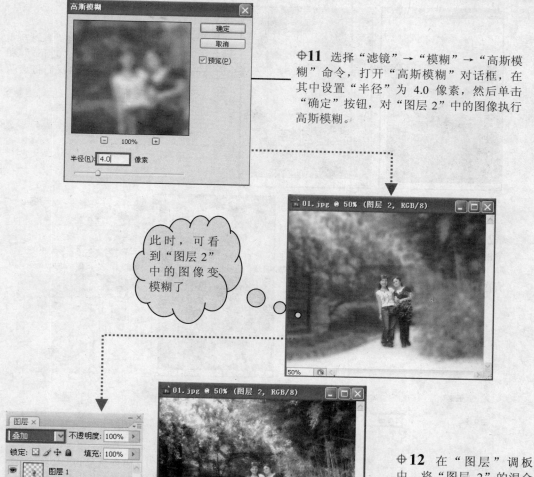

⊕**11** 选择 "滤镜" → "模糊" → "高斯模糊" 命令，打开 "高斯模糊" 对话框，在其中设置 "半径" 为 4.0 像素，然后单击 "确定" 按钮，对 "图层 2" 中的图像执行高斯模糊。

此时，可看到 "图层 2" 中的图像变模糊了

⊕**12** 在 "图层" 调板中，将 "图层 2" 的混合模式设置为 "叠加"，此时图像就呈现出梦幻般的紫色效果了。

实例2 利用图层蒙版快速制作艺术照

图层蒙版是一项比较实用且操作灵活的功能，利用它我们可以快速制作图像融合效果，从而方便进行照片合成。下面，我们利用图层蒙版，并结合 "黑白" 命令和 "胶片颗粒" 滤镜制作一张艺术照片。

快乐学电脑

申1 打开本书配套光盘"素材与实例\Ph7"文件夹中的"02.jpg"和"03.jpg"文件,下面我们将这两张照片进行合成。

申2 利用"移动工具"将"03.jpg"中的人物图像拖至"02.jpg"图像窗口的上部,然后在"图层"调板中为人物所在的"图层1"添加一个空白蒙版。

申3 选择"画笔工具",在其工具属性栏中设置"画笔"为"主直径为175像素、边缘带发散效果的笔刷",并设置"不透明度"为50%,其他选项保持默认。

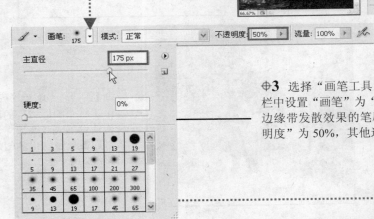

申4 按 D 键,恢复默认的前、背景色(黑、白色)。利用"画笔工具"在人物图像的底边涂抹,然后隐藏部分区域。此时,人物图像就与背景自然地融合在一起了。

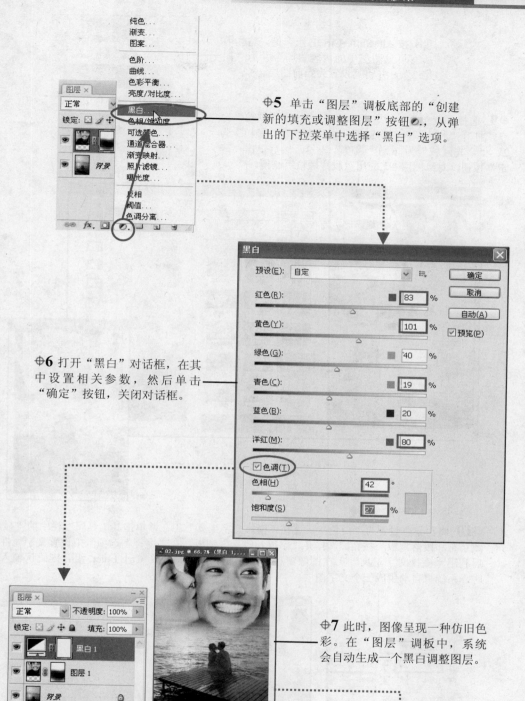

⊕**5** 单击"图层"调板底部的"创建
新的填充或调整图层"按钮 ⊘，从弹
出的下拉菜单中选择"黑白"选项。

⊕**6** 打开"黑白"对话框，在其
中设置相关参数，然后单击
"确定"按钮，关闭对话框。

⊕**7** 此时，图像呈现一种仿旧色
彩。在"图层"调板中，系统
会自动生成一个黑白调整图层。

快
乐
学
电
脑

8 按 Alt+Shift+Ctrl+E 组合键，将当前所有可见图层中的内容盖印合并为"图层 2"，并将其设置为当前图层。

9 选择"滤镜"→"艺术效果"→"胶片颗粒"命令，打开"胶片颗粒"对话框，在其中设置"颗粒"为 2、"高光区域"为 6、"强度"为 3，然后单击"确定"按钮，对"图层 2"应用"胶片颗粒"滤镜。

10 将前景色设置为"白色"，选择"横排文字工具"，并单击其工具属性栏中的"显示/隐藏字符和段落调板"按钮，打开"字符和段落"调板，在"字符"选项卡中设置文字属性。然后利用"横排文字工具"在图像窗口的下边输入文字，并按 Ctrl+Enter 组合键确认输入。此时，系统将自动生成一个文字图层。

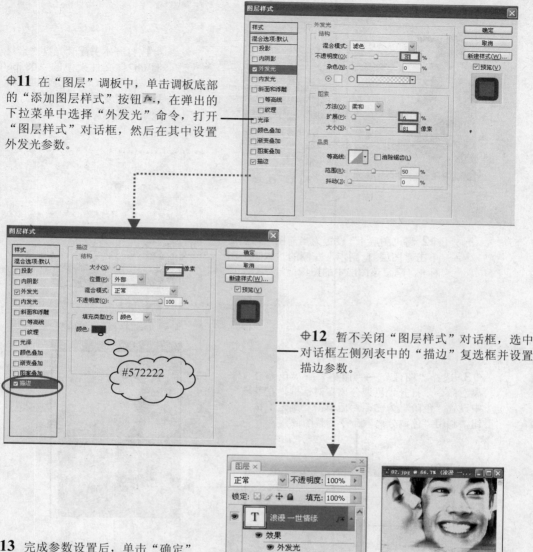

⊕**11** 在"图层"调板中,单击调板底部的"添加图层样式"按钮 **fx.**,在弹出的下拉菜单中选择"外发光"命令,打开"图层样式"对话框,然后在其中设置外发光参数。

⊕**12** 暂不关闭"图层样式"对话框,选中对话框左侧列表中的"描边"复选框并设置描边参数。

⊕**13** 完成参数设置后,单击"确定"按钮关闭"图层样式"对话框,即可为文字图层添加外发光和描边效果。这样,一张艺术效果的照片就制作好了。

实例 3　利用图层功能制作明信片

在本例中,我们将利用图层的基本功能,并结合"色调分离"命令、"阈值"命令和"影印"滤镜的使用,将数码照片加工成明信片。

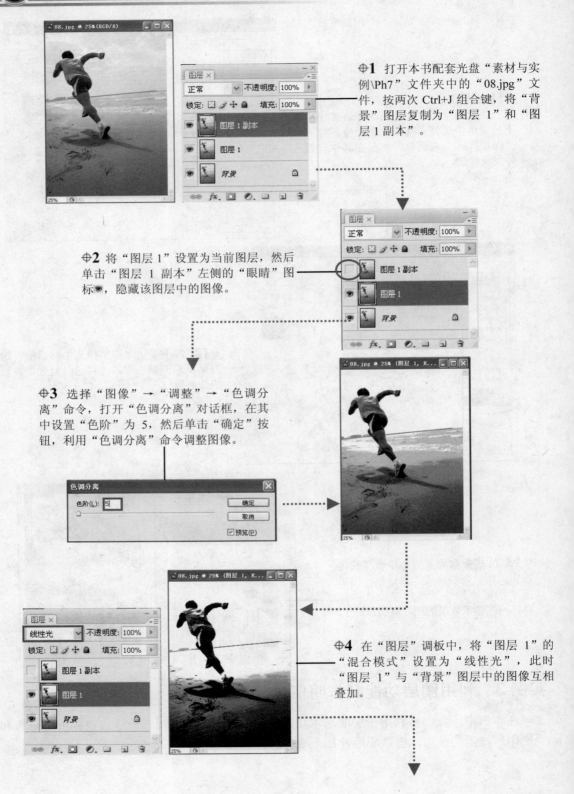

⊕1 打开本书配套光盘"素材与实例\Ph7"文件夹中的"08.jpg"文件，按两次 Ctrl+J 组合键，将"背景"图层复制为"图层 1"和"图层 1 副本"。

⊕2 将"图层 1"设置为当前图层，然后单击"图层 1 副本"左侧的"眼睛"图标，隐藏该图层中的图像。

⊕3 选择"图像"→"调整"→"色调分离"命令，打开"色调分离"对话框，在其中设置"色阶"为 5，然后单击"确定"按钮，利用"色调分离"命令调整图像。

⊕4 在"图层"调板中，将"图层 1"的"混合模式"设置为"线性光"，此时"图层 1"与"背景"图层中的图像互相叠加。

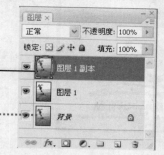

⊕**5** 在"图层"调板中,将"图层 1 副本"设置为当前图层,再次单击该 图层左侧"眼睛"图标的空白处,重 新显示该图层。

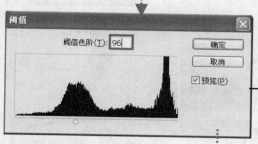

⊕**6** 选择"图像"→"调整"→"阈 值"命令,打开"阈值"对话框,在 其中设置"阈值色阶"为 96,然后单 击"确定"按钮,利用"阈值"命令 调整"图层 1 副本"图层中的图像。

⊕**7** 在"图层"调板中,将"图层 1 副本"的混合模式设置为"叠加"。

⊕**8** 打开本书配套光盘"素材与实例 \Ph7"文件夹中的"09.jpg"文件。

⊕**9** 按 D 键,恢复默认的前、背景色(黑色和白色)。然后选择 "滤镜"→"素描"→"影印"命令,打开"影印"对话 框,在其中设置"细节"为 12、"暗度"为 9。

快乐学电脑

189

⊕**10** 设置好参数后，单击"确定"按钮，关闭"影印"对话框，对"09.jpg"图像应用"影印"滤镜。

⊕**11** 利用"移动工具" 将"09.jpg"图像移至"08.jpg"图像窗口中，系统会自动生成"图层 2"，并设置该图层的混合模式为"正片叠底"。然后利用"自由变换"命令将"09.jpg"图像缩小，并放置在"08.jpg"图像窗口的右侧。

⊕**12** 将前景色设置为"棕色"(#91781f)，选择"直排文字工具" ，并利用"字符"调板设置文字的属性，然后在天坛图像的上方和下方输入文字，并按 Ctrl+Enter 组合键确认输入。

⊕**13** 选择"横排文字工具" ，在"字符"调板中更改文字的属性，然后在图像窗口的下方输入"同一世界同一梦想"，并确认输入。

⊕**14** 双击"图层"调板中的"同一世界同一梦想"文字图层的空白处，打开"图层样式"
对话框，在其中分别设置投影和描边的参数，为该文字图层添加投影和描边效果。

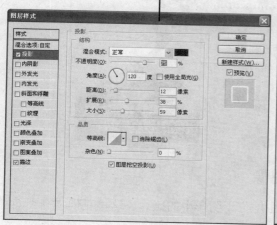

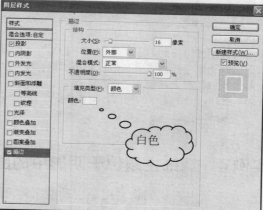

白色

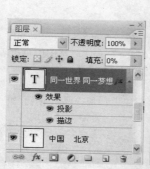

⊕**15**　在"图层"调板中，将"同
一世界同一梦想"文字图层的"填
充"设置为 0%，此时，文字的填
充区域显示出下方图层的图像。

⊕**16**　利用"横排文字工具" T 在图像窗口的下方输入"有拼搏才会成功"字样，
并设置该文字图层的"填充"为 0%，然后在按住 Alt 键的同时，将"同一世界同一
梦想"文字图层的图层效果复制到该图层。

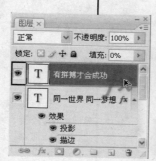

快
乐
学
电
脑

⊕**17** 将前景色设置为"白色",选择"矩形工具"▣,并在其工具属性栏中单击"形状图层"按钮▣,然后利用该工具在图像窗口的右上角绘制一个矩形,并为生成的形状图层添加黑色描边效果。最后利用"横排文字工具"Ⓣ在图像窗口的右上角输入"邮票"字样,并放置在矩形的上面。这样,一个简单的明信片就制作好了。

实例4 润饰主题位于阴影中的图像

在本例中,我们将利用图层功能来处理主题位于阴影中的照片。这里我们将介绍两种解决方法,分别如下。

⊕**1** 打开本书配套光盘"素材与实例\Ph7"文件夹中的"04.jpg"文件,从图中可以看到,图像色调偏暗,需要进行处理。

⊕**2** 打开"图层"调板,按 Ctrl+J 组合键,将"背景"图层复制为"图层 1",并设置"图层 1"的"混合模式"为"滤色",此时,你会发现图像变亮了。

使用这种方法会导致图像部分区域过亮,因此还需要对细节部分做调整

⊕**3** 连续按两次 Ctrl+J 组合键,将"图层 1"复制为"图层 1 副本"和"图层 1 副本 2",此时,图像变亮。

◈**4** 选择"窗口"→"历史记录"命令，打开"历史记录"调板，单击"打开"选项，撤销打开图像后进行的所有操作。

◈**5** 连续按两次 Ctrl+J 组合键，将"背景"图层复制为"图层 1"和"图层 1 副本"，并将"图层 1 副本"设置为当前图层。

◈**6** 按 Ctrl+M 组合键，打开"曲线"对话框，在其中将曲线的中部向上拖动，将人物图像调亮，而不必考虑背景图像是否过亮。

◈**7** 将"图层 1"设置为当前图层，然后单击"图层 1 副本"左侧的"眼睛"图标，隐藏该图层的内容。

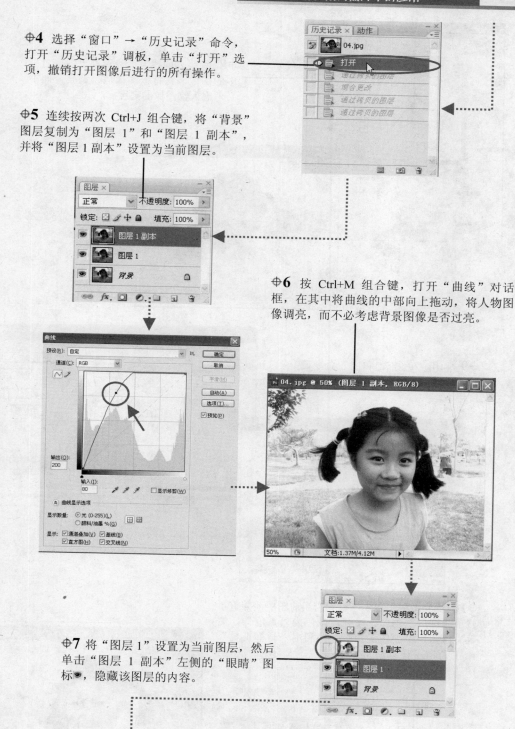

快
乐
学
电
脑

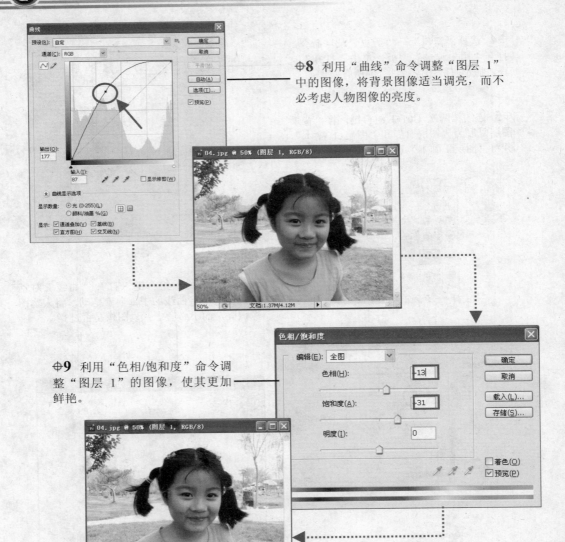

8 利用"曲线"命令调整"图层 1"中的图像，将背景图像适当调亮，而不必考虑人物图像的亮度。

9 利用"色相/饱和度"命令调整"图层 1"的图像，使其更加鲜艳。

10 将"图层 1 副本"设置为当前图层，并重新显示该图层的图像。设置前景色为"黑色"，然后为该图层添加图层蒙版，并利用"画笔工具" 在人物图像以外的区域涂抹，显示出"图层 1"中的图像。

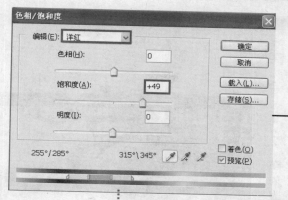

⊕**11**　单击选中"图层 1 副本"图层，然后按 Ctrl+U 组合键，打开"色相/饱和度"对话框，在其中的"编辑"下拉列表框中选择"洋红"选项，并设置"饱和度"为+49，使衣服的颜色更加鲜艳。

⊕**12** 这样，照片中位于阴影中的主题被突出了，并且图像的色彩也得到了有效的改善。

实例 5　利用图层蒙版制作全景照片

　　在 Photoshop 中，利用图层蒙版可以将几幅在同一技术条件下拍摄的场景照片，毫无痕迹地拼接成一幅视野开阔、场面宏大的全景照片。

⊕**1** 打开本书配套光盘"素材与实例\Ph7"文件夹中的"05.jpg"、"06.jpg"和"07.jpg"文件，下面我们将这 3 张照片拼接成一幅全景照片。

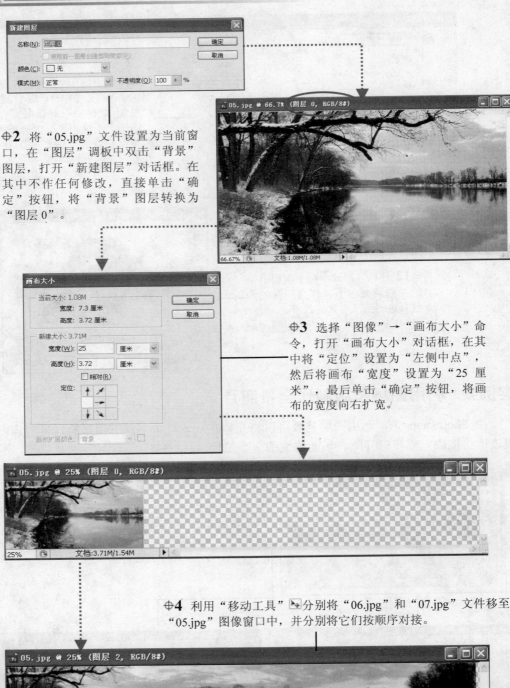

◈2 将"05.jpg"文件设置为当前窗口，在"图层"调板中双击"背景"图层，打开"新建图层"对话框。在其中不作任何修改，直接单击"确定"按钮，将"背景"图层转换为"图层0"。

◈3 选择"图像"→"画布大小"命令，打开"画布大小"对话框，在其中将"定位"设置为"左侧中点"，然后将画布"宽度"设置为"25 厘米"，最后单击"确定"按钮，将画布的宽度向右扩宽。

◈4 利用"移动工具" ⊕ 分别将"06.jpg"和"07.jpg"文件移至"05.jpg"图像窗口中，并分别将它们按顺序对接。

⊕**5**　设置前景色为"黑色"，然后在"图层"调板中分别为"图层 1"和"图层 2"添加图层蒙版，并用"画笔工具" ☑编辑蒙版，使图像的接缝处自然融合。调整好后，利用"裁剪工具" ☒将多余的边缘裁切掉。

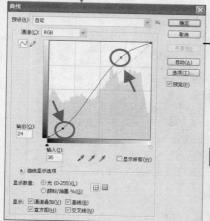

⊕**6**　最后，在所有图层之上创建一个曲线，以调整图层和图像的色调。这样，一幅全景效果照片就呈现在眼前了。

实例 6　利用矢量蒙版为宝宝制作个性桌面

在本例中，我们将利用矢量蒙版把数码照片加工成个性电脑桌面，具体的制作方法如下。

✤1 打开本书配套光盘"素材与实例\Ph7"文件夹中的"10.jpg"和"11.jpg"文件，其中"10.jpg"文件将作为背景，我们要为"11.jpg"文件添加矢量蒙版。

✤2 利用"移动工具" 将"11.jpg"文件移到"10.jpg"图像窗口中，并利用"自由变换"命令将婴儿图像适当缩小。

✤3 选择"自定形状工具" ，在其工具属性栏中单击"路径"按钮 ，然后单击"形状"下拉列表框右侧的下三角按钮 ，从弹出的下拉列表框中选择"红桃" 选项。

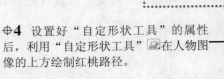

✤4 设置好"自定形状工具"的属性后，利用"自定形状工具" 在人物图像的上方绘制红桃路径。

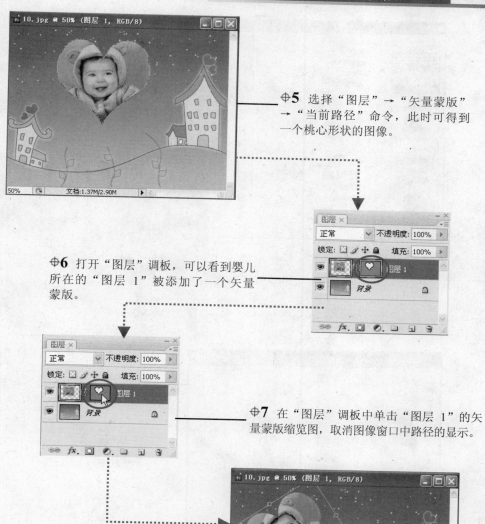

⊕**5** 选择"图层"→"矢量蒙版"→"当前路径"命令，此时可得到一个桃心形状的图像。

⊕**6** 打开"图层"调板，可以看到婴儿所在的"图层 1"被添加了一个矢量蒙版。

⊕**7** 在"图层"调板中单击"图层 1"的矢量蒙版缩览图，取消图像窗口中路径的显示。

⊕**8** 利用"自由变换"命令将婴儿图像进行旋转并适当缩小，然后放置在图像窗口的左上角。

快 乐 学 电 脑

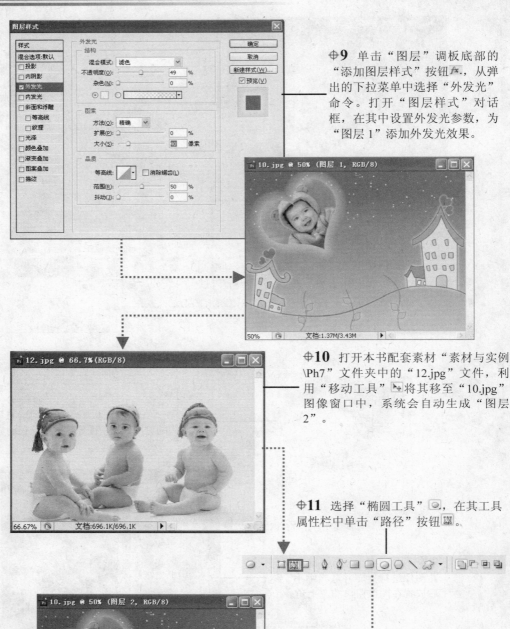

⊕**9** 单击"图层"调板底部的"添加图层样式"按钮 *fx.*，从弹出的下拉菜单中选择"外发光"命令。打开"图层样式"对话框，在其中设置外发光参数，为"图层1"添加外发光效果。

⊕**10** 打开本书配套素材"素材与实例\Ph7"文件夹中的"12.jpg"文件，利用"移动工具" ⊕ 将其移至"10.jpg"图像窗口中，系统会自动生成"图层2"。

⊕**11** 选择"椭圆工具" ◯，在其工具属性栏中单击"路径"按钮 ▨。

⊕**12** 利用"椭圆工具" ◯ 分别在 3 个婴儿图像的头部区域绘制圆形路径。

⊕**13** 选择"图层"→"矢量蒙版"→"当前路径"命令,利用 3 个圆形路径为"图层 2"添加矢量蒙版。

⊕**14** 利用"移动工具" 调整图像的位置,并为"图层 2"添加外发光效果。这样,一个可爱的电脑桌面就做好了。

练 一 练

下面我们做一些小练习,以判断你对所学内容的掌握程度。

(1) 背景图层永远都位于"图层"调板的_____,并且不能包含_____区。

(2) 当用户清除背景图层中的选定区域时,该区域将以当前设置的_____填充,而对于其他图层而言,被清除的区域将成为透明区。

(3) 要将背景图层转换为普通图层,可选择_____→_____→_____命令,或者在"图层"调板中_____击"背景"图层。

(4) 按_____组合键,可以打开"新建图层"对话框创建新图层;按_____组合键,可以快速创建新图层。

(5) 创建调整图层与单纯执行"色阶"、"曲线"等命令不同,使用"色阶"、"曲线"等命令只作用于_____图像,而调整图层则作用于_____全部图层。

(6) 如果用户对调整图层的效果不满意,可双击调整图层的_____,在打开的设置对话框中重新进行调整;要撤销对所有图层的调整效果,可单击调整图层左侧的_____,关闭图层显示;要撤销对某一图层的调整效果,只需将调整图层移至该图层的_____即可。

(7) 填充图层是一种带蒙版的图层,其内容可为_____、_____或_____。

(8) 要选择多个连续的图层,可在按住_____键的同时单击首尾两个图层;要选择多个不连续的图层,可在按住_____键的同时单击要选择的图层。

快乐学电脑

(9) 确保当前所选工具为_____工具,在"图层"调板中选中一个或多个图层后,按 Delete 键,也可删除图层。

(10) 按_____组合键,可以将当前图层移至最顶层;按_____组合键,可以将当前图层移至最底层;按_____或_____组合键,可以将当前图层上移或下移一层。

(11) 按_____组合键,可以将当前所有可见图层中的内容合并为一个新图层,并使其他图层保持完好。

问 与 答

问: 在"图层"调板中,如何快速为图层设置混合模式?

答: 首先要确保未选择工具箱中的"画笔工具" 、"铅笔工具" 、"颜色替换工具" 、"加深工具" 和"减淡工具" 等绘图与修饰工具,然后按 Shift++或 Shift+-组合键,可以快速在各模式间切换。

问: 利用"直线工具" 绘制一条直线后(创建一个形状图层),如何得到由深到浅(或由浅到深)的渐变效果?

答: 直接在创建的形状图层上添加图层蒙版,然后利用"画笔工具" 编辑图层蒙版,并适当降低笔刷的不透明度即可。

问: 如果当前图像包含的图层很多,如何快速选择所需图层?

答: 可以先选择"移动工具" ,在其工具属性栏中选中"自动选择",并在其右侧的下拉列表框中选择"图层"选项,然后利用该工具在图像窗口中单击任意对象,此时 Photoshop 会自动转到其所在图层。另外,在工具箱中的"切片工具"、"路径选择工具"、"直接选择工具"、"钢笔工具"和"抓手工具"未选中的情况下,按住 Ctrl 键的同时,鼠标指针都会暂时切换为"移动工具" ,在图像窗口中右击,即可从弹出的菜单中选择所需图层。

问: 在 Photoshop 中,为什么没有执行合并图层的操作,而所有图层却被合并了?

答: 出现这种问题,可能会有如下两种情况:一是,如果存储图像时没有选择默认格式,而是更改成了其他文件格式,就会执行图层合并;二是,在更改图像颜色模式时,如果没有确认是否合并图层,也会执行合并图层的操作。

第8章 使用滤镜处理数码照片

本章学习重点

☞ 滤镜的使用方法
☞ 各类滤镜的特点
☞ 滤镜在处理数码照片中的应用

滤镜是 Photoshop 中一项比较神奇的功能，是进行图像处理最常用的方法。利用滤镜可以快速制作出很多特殊的图像效果，如模糊效果、浮雕效果、光照效果等，从而可以将数码照片处理成油画、素描、夜景等效果。

8.1 滤 镜 概 览

在 Photoshop 中，系统提供的滤镜种类繁多、特点各异，并且使用起来非常简单。下面，我们就来学习滤镜的使用方法，了解各类滤镜的特点。

8.1.1 滤镜的使用方法

虽然滤镜的种类繁多且特点各异，但这些滤镜在使用方法上具有一些相同的操作特点，用户需要熟练掌握这些操作要领，才能正确地使用它进行图像处理。

● 滤镜的处理效果是以像素为单位的，因此，滤镜的处理效果与图像的分辨率有关。用相同的参数处理不同分辨率的图像，其效果也不同。

● 当执行完一个滤镜命令后，如果按 Shift+Ctrl+F 组合键(或选择"编辑"→"渐隐+滤镜名称"命令)，系统将打开"渐隐"对话框。利用该对话框可将执行滤镜后的图像与源图像进行混合，用户还可在该对话框中调整"不透明度"和"模式"选项。

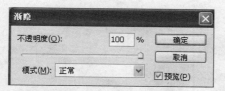

● 在任一滤镜对话框中按 Alt 键，对话框中的"取消"按钮即可变成"复位"按钮，单击它可将滤镜恢复到刚打开对话框时的状态。

● 只对局部图像进行滤镜效果处理时，可以对选区设定羽化值，使处理的区域能自然地与源图像融合，以减少突兀的感觉。

● 在位图和索引颜色的色彩模式下不能使用滤镜，而在除 RGB 以外的其他色彩模式下，只能使用部分滤镜。例如，在 CMYK 和 Lab 颜色模式下，部分滤镜(如"画笔描边"、"素描"、"纹理"和"艺术效果"等)不能使用。

- 使用"编辑"菜单中的"还原"和"重做"命令可对比执行滤镜前后的效果。
- 当使用完一个滤镜命令后(除"液化"、"抽出"、"消失点"和"图案生成器"滤镜外),按 Ctrl+F 组合键,可快速重复上次执行的滤镜命令。

8.1.2 各类滤镜的特点

下面,我们将介绍 Photoshop 中各类滤镜的特点,并给出一些典型滤镜的效果。

1. "液化"滤镜

利用"液化"滤镜可以制作弯曲、漩涡、扩展、收缩、移位以及反射等效果,利用它可以快速改变人物的脸形和体形。该滤镜不能用于索引颜色、位图或多通道模式的图像。

打开一幅图像,选择"滤镜"→"液化"命令,即可打开"液化"对话框,其中部分选项的意义如下。

"液化"滤镜工具栏

预览区

"液化"滤镜选项设置区

- **"向前变形工具"** ：选中该工具后,可通过拖动鼠标拖动像素。
- **"重建工具"** ：用于将变形后的图像恢复为原始状态。
- **"顺时针旋转扭曲工具"** ：选中该工具后,在图像区单击或拖动可使画笔下的图像按顺时针方向旋转。

为人物图像制作卷发

- **"褶皱工具"** 与 **"膨胀工具"** ：利用这两个工具可收缩或扩展像素。

原图　　　　　　　　　对嘴巴进行褶皱处理　　　　　对嘴巴和眼睛进行膨胀处理

- **"左推工具"** ：选中该工具后，在图像编辑窗口单击并拖动，系统将在垂直于鼠标移动方向的方向上移动像素。

原图　　　　　　从左向右拖动鼠标后的效果　　　　从上向下拖动鼠标后的效果

- **"镜像工具"** ：该工具用于镜像复制图像。选中该工具后，直接单击并拖动鼠标可镜像复制与描边方向垂直的区域，按住 Alt 键单击并拖动可镜像复制与描边方向相反的区域。通常情况下，在冻结了要反射的区域后，按住 Alt 键单击并拖动可产生更好的效果。

鼠标拖动方向

原图　　　　　　　　　　　　对图像进行镜像操作后

- **"湍流工具"** ：该工具用于平滑地混杂像素，主要用于创建火焰、云彩、波浪等效果。
- **"冻结蒙版工具"** ：用于保护图像中的某些区域，以免被进一步编辑。默认情况下，被冻结区域以半透明红色覆盖。
- **"解冻蒙版工具"** ：用于解冻冻结区域。
- **工具选项**：在此区域可设置各工具的参数，如"画笔大小"、"画笔密度"、"画笔压力"等。
- **重建选项**：在该区域中可选择重置方式，单击"恢复全部"按钮，可将前面的变形全部恢复。如果进行过冻结，冻结区域也被恢复，而只留下覆盖颜色。

- **蒙版选项**：用于取消、反相被冻结区域(也称为被蒙版区域)，或者冻结整幅图像。
- **视图选项**：在该区域中可对视图显示进行控制。

2. 消失点滤镜

利用"消失点"滤镜可以在包含透视效果的平面图像中的指定区域执行诸如绘画、仿制、复制、粘贴，以及变换等编辑操作，并且所有的编辑操作都将保持图像原来的透视效果，使结果更加逼真。

打开一幅图像，选择"滤镜"→"消失点"命令，打开"消失点"对话框。左侧为工具栏，单击某工具后，在对话框的上边会显示其工具属性栏，其中部分工具的功能如下。

"消失点"滤镜工具栏

"消失点"滤镜工具属性栏

- **编辑平面工具** ：用于选择、编辑、移动平面并调整平面大小。
- **创建平面工具** ：用于在平面内定义网格，以及调整网格的大小和形状。
- **选框工具** ：用于在平面内创建选区。
- **图章工具** ：利用该工具可以将参考点周围的图像复制到其他位置。
- **画笔工具** ：利用该工具可以用指定的颜色在平面内进行绘画。
- **变换工具** ：在平面内创建选区后，利用该工具可在平面内对选区内的图像执行缩放、移动和旋转等操作。
- **吸管工具** ：用于在预览窗口中吸取画笔工具修复图像时使用的绘画颜色。
- **测量工具** ：利用该工具可以测量两点间的距离。

3. "图案生成器"滤镜

利用"图案生成器"滤镜可以选择图像中部分或整个图像，然后通过适当修改，使修改后的图案能够在排列复制时做到无缝衔接。下面，通过一个小实例来介绍"图案生成器"滤镜的用法。

⊕**1** 打开一幅图像，选择"滤镜"→"图案生成器"命令，打开"图案生成器"对话框，利用左侧工具箱中的"矩形选框工具" 在预览窗口中选取要作为样本图案的区域，并在右侧的选项区域设置适当的宽度、高度、平滑度和样本细节。

⊕**2** 单击"图案生成器"对话框中的"生成"按钮，在预览窗口中即可生成一种新图案。此时"生成"按钮变成"再次生成"按钮，单击它可以在新图案的基础上生成其他新图案。

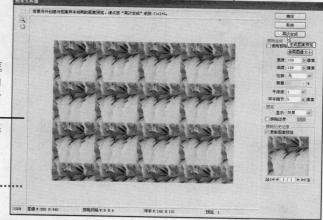

⊕**3** 如果对生成的图案满意，单击"确定"按钮，关闭"图案生成器"对话框，即可得到平铺图像。

4. "像素化"滤镜组

"像素化"滤镜主要用来将图像分块或将图像平面化，这类滤镜通常会使源图像面目全非。这类滤镜共有 7 种，其功能和作用分别如下。

- **"彩块化"滤镜**：该滤镜可以制作类似宝石刻画的色块。执行该滤镜时，Photoshop 会在保持原有轮廓的前提下，找出主要色块的轮廓，然后将近似颜色合并为色块。

- **"彩色半调"滤镜**：该滤镜可模仿产生铜版画效果，即在图像的每一个通道扩大网点在屏幕上的显示效果。在该滤镜对话框中，可设定"最大半径"与"网角"(决定图像每一原色通道的网点角度)选项。对快速蒙版应用"彩色半调"滤镜后，将蒙版转换为选区，删除选区内的图像后可得到特殊效果的边框。

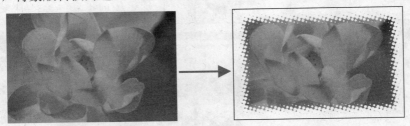

- **"晶格化"滤镜**：该滤镜使相近有色像素集中到一个像素的多角形网格中，以使图像清晰化。该滤镜对话框中只有一个可决定分块大小的"单元格大小"选项。
- **"点状化"滤镜**：该滤镜的作用与"晶格化"滤镜大致相同，不同之处在于"点状化"滤镜在晶块间产生空隙，而空隙内用背景色填充，它也通过"单元格大小"选项来控制晶块的大小。
- **"碎片"滤镜**：该滤镜可把图像的像素复制4次，将它们平均和移位，并降低不透明度，产生一种不聚焦的效果。该滤镜不设对话框。对快速蒙版应用"碎片"和"锐化"滤镜后，将蒙版转换为选区，删除选区内的图像后可得到特殊效果的边框。

- **"铜板雕刻"滤镜**：该滤镜在图像中随机产生各种不规则直线、曲线和虫孔斑点，模拟不光滑或年代已久的金属板效果。
- **"马赛克"滤镜**：该滤镜把具有相似色彩的像素合成更大的方块，并按源图像的规则排列，模拟马赛克的效果。

5. "扭曲"滤镜组

"扭曲"滤镜的主要功能是按照各种方式在几何意义上扭曲一幅图像，如非正常拉伸、扭曲等，产生模拟水波、镜面反射和火光等自然效果。其工作手段大多是对色彩进行位移或插值等操作。这类滤镜共有 13 种，分别如下。

* **"切变"滤镜**：该滤镜允许用户按照自己设定的弯曲路径来扭曲一幅图像。在其设置对话框中，单击并拖动曲线可改变曲线的形状，利用"未定义区域"选项组可以选择一种对扭曲后所产生的图像空白区域的填补方式。

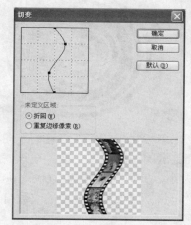

* **"扩散亮光"滤镜**：该滤镜可使图像产生一种光芒漫射的亮光效果。在该滤镜对话框中有 3 个选项，"粒度"选项用于控制扩散亮光中的颗粒密度；"发光量"选项用于控制扩散亮光的强度；"清除数量"选项用于限制图像中受滤镜影响的范围，该值越大，受影响的区域越小。

* **"挤压"滤镜**：该滤镜可以将整个图像或选区内的图像向内或向外挤压，产生一种挤压的效果。在该滤镜对话框中只有一个"数量"选项，变化范围为-100～100，正值时向内凹进，负值时往外凸出。
* **"旋转扭曲"滤镜**：该滤镜可产生旋转的风轮效果，旋转中心为图像中心。在该滤镜对话框中只有一个"角度"选项，变化范围为-999～999，负值表示逆时针扭曲，而正值表示顺时针扭曲。

- **"极坐标"滤镜**：该滤镜可以将图像坐标从直角坐标系转化成极坐标系，或者将极坐标系转化为直角坐标系。

- **"水波"滤镜**：该滤镜可按用户的各种设定产生锯齿状扭曲，并将它们按同心环状由中心向外排列，产生的效果就像荡起阵阵涟漪的湖面图像一样。在该滤镜对话框中可以设定产生波纹的数量，即波纹的大小，其取值范围为-100～100，负值时产生下凹波纹，而正值产生上凸波纹。"起伏"选项用于设定波纹数目，取值范围为1～20，值越大产生的波纹越多。

- **"波浪"滤镜**：该滤镜可根据用户设定的不同波长产生不同的波动效果。执行该滤镜将打开"波浪"滤镜对话框，用户从中可设置"生成器数"、"波长"、"波幅"、"比例"和"类型"等选项。

- **"波纹"滤镜**：该滤镜可产生水纹涟漪的效果。在该滤镜对话框中，"数量"选项可控制水纹的大小；在"大小"下拉列表框中可选择3种产生波纹的方式，即"小"、"中"、"大"。

- **"海洋波纹"滤镜**：该滤镜可模拟海洋表面的波纹效果，波纹细小，边缘有较多抖动。在其对话框中可以设定"波纹大小"和"波纹幅度"选项。

- **"玻璃"滤镜**：该滤镜用来制造一系列细小纹理，产生一种透过玻璃观察图片的效果。该滤镜对话框中的"扭曲度"和"平滑度"选项用来平衡扭曲和图像质量间的矛盾，还可在其中设置纹理类型和比例。

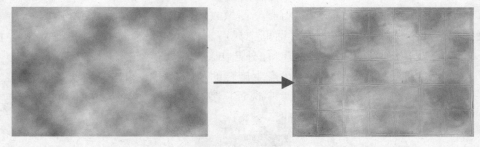

- **"镜头校正"滤镜**：该滤镜可修复常见的镜头变形失真的缺陷，如桶状变形、枕形失真、晕影以及色彩失常等。在其对话框中可以设置"移动扭曲"、"色差"和"晕影"及"变换"等参数。

- **"球面化"滤镜**：该滤镜与"挤压"滤镜的效果极为相似，其对话框中的设置也差不多，它只是比"挤压"滤镜多了一个"模式"下拉列表框，其中有3种挤压方式可供选择，即"正常"、"水平优先"和"垂直优先"。

- **"置换"滤镜**：该滤镜会根据"置换图"中的像素色调值来对图像进行变形，从而产生不定方向的移位效果，它是所有滤镜中最难理解的一个滤镜。该滤镜变形、扭曲的效果无法准确地预测，这是因为该滤镜需要两个图像文件才能完成。这两个文件一个是进行"置换"变形的图像文件，而另一个则是决定如何进行"置换"变形的文件(这个充当模板的图像被称为"置换图"，它只能是.psd 格式的文件)。执行"置换"滤镜时，它会按照该"置换图"的像素颜色值对源图像文件进行变形。

6. "杂色"滤镜

"杂色"滤镜共有 5 种："中间值"滤镜、"去斑"滤镜、"添加杂色"滤镜、"蒙尘与划痕"滤镜和"减少杂色"滤镜。其中"添加杂色"滤镜用于增加图像中的杂色，而其他滤镜均用于去除图像中的杂色，如扫描输入的图像常有的斑点和折痕。

- **"中间值"滤镜**：该滤镜用斑点和周围像素的中间颜色作为两者之间的像素颜色来消除干扰。在该滤镜对话框中只有一个"半径"选项，变化范围为 1～100 像素，值越大，融合效果越明显。

- **"去斑"滤镜**：该滤镜主要用于消除图像(如扫描输入的图像)中的斑点，其原理是，该滤镜会对图像或者选区内的图像稍加模糊，来遮掩斑点或折痕。执行"去斑"滤镜能够在不影响源图像整体轮廓的情况下，对细小、轻微的斑点进行柔化，从而达到去除杂色的效果。若要去除较粗的斑点，则不适合使用该滤镜。

- **"添加杂色"滤镜**：该滤镜可随机将杂色混合到图像中，并可使混合时产生的色彩有漫散效果。

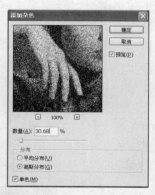

- **"蒙尘与划痕"滤镜**：该滤镜会搜索图片中的缺陷并将其融入到周围像素中，对于去除扫描输入的图像中的杂点和折痕效果非常显著。在该滤镜对话框中，"半径"选项可定义以多大半径的缺陷来融合图像，其变化范围为 1～100，值越大，模糊程度越强。"阈值"选项决定正常像素与杂点之间的差异，其变化范围为 0～255，值越大，所能容许的杂纹就越多，去除杂点的效果就越弱。通常设定"阈值"为 0～128 像素，效果较为显著。

- **"减少杂色"滤镜**：该滤镜主要是用来去除照片中或 JPG 图像中的杂色。在该滤镜对话框中，可以设置"强度"、"保留细节"、"减少杂色"和"锐化细节"等参数来控制减少杂色的数量。

7. "模糊"滤镜组

"模糊"滤镜是一组很常用的滤镜，其主要作用是削弱相邻像素间的对比度，达到柔化图像的效果。"模糊"滤镜包含 11 种，分别如下。

- **"动感模糊"滤镜**：该滤镜可在某一方向对像素进行线性位移，产生沿某一方向运动的模糊效果。执行该滤镜时，系统将打开"动感模糊"对话框。其中，"角度"选项用于控制动感模糊的方向；"距离"选项用于控制像素移动的距离，它的变化范围为 1～999 像素，值越大，模糊效果越强。

- **"径向模糊"滤镜**：该滤镜能够产生旋转模糊或放射模糊效果。执行该滤镜时，系统将打开"径向模糊"对话框，利用该对话框可设置中心模糊、模糊方法(旋转或缩放)和品质等。

- **"高斯模糊"滤镜**：该滤镜可有选择地模糊图像。在该滤镜对话框中可以设置模糊半径，半径数值越小，模糊效果就越弱。

- **"平均"滤镜**：该滤镜将使用整个图像或某选定区域内的图像的平均颜色值来对其进行填充，从而使图像变为单一的颜色。

- **"模糊"滤镜**：该滤镜可以用来光滑边缘过于清晰或对比度过于强烈的区域，产生模糊效果来柔化边缘。

- **"特殊模糊"滤镜**：该滤镜与其他模糊滤镜相比，是一种能够产生清晰边界的模糊方式。在该滤镜的设置对话框中，可以设定"半径"、"阈值"、"品质"和"模式" 4 个选项。其中，在"模式"选项的下拉列表框中可以选择"正常"、"仅限边缘"和"叠加边缘" 3 种模式来模糊图像，从而产生 3 种不同的效果。

"特殊效果"滤镜下的"仅限边缘"效果

- **"进一步模糊"滤镜**：该滤镜与"模糊"滤镜一样可以使图像产生模糊的效果，但所产生的模糊程度不同。相对而言，"进一步模糊"滤镜所产生的模糊大约是

"模糊"滤镜的 3～4 倍。

- **"镜头模糊"滤镜：**该滤镜可模拟各种镜头景深产生的模糊效果。
- **"形状模糊"滤镜：**该滤镜是用指定的图形作为模糊中心来进行模糊。
- **"方框模糊"滤镜：**该滤镜是基于相邻像素的平均颜色值来模糊图像。
- **"表面模糊"滤镜：**该滤镜在模糊图像时可保留图像边缘，常用于创建特殊效果，以及消除杂色或颗粒。

8.　"渲染"滤镜

"渲染"滤镜能够在图像中产生光照效果和不同的光源效果(如夜景)。该滤镜组包含 5 种滤镜，分别是"云彩"滤镜、"分层云彩"滤镜、"光照效果"滤镜、"纤维"滤镜和"镜头光晕"滤镜。

- **"云彩"和"分层云彩"滤镜：**这两个滤镜的主要作用是生成云彩，但两者产生云彩的方法不同。执行"云彩"滤镜会将原图全部覆盖；而"分层云彩"滤镜则是将图像进行"云彩"滤镜处理后，再反白图像。
- **"镜头光晕"滤镜：**该滤镜可在图像中生成摄像机镜头眩光效果，用户还可手动调节眩光位置。在该滤镜设置对话框中用户可以设定"亮度"(变化范围为 10%～300%，值越高，反向光越强)、"光晕中心"和"镜头类型"3 个选项。其中选择 105mm 的聚焦镜所产生的光芒较强。

- **"纤维"滤镜：**该滤镜可在图像中产生光纤效果，光纤效果的颜色一般由前景色和背景色来决定。该滤镜的对话框中的"差异"选项用于确定生成纤维的粗细效果；"强度"选项用于确定生成纤维的疏密度，该值越大，纤维效果越精细；单

快乐学电脑

击"随机化"按钮,可随机生成不同的纤维效果。

● **"光照效果"滤镜**:该滤镜是一个设置复杂、功能极强的滤镜,它的主要作用是产生光照效果。可通过对光源、光色选择、聚焦和定义物体反射特性等的设定来达到3D绘画的效果。

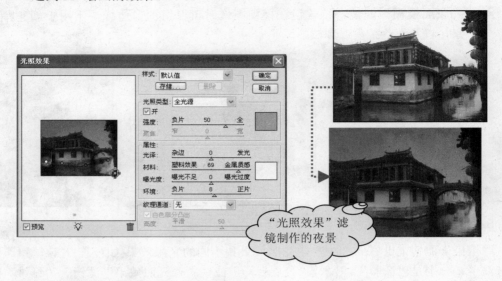

"光照效果"滤镜制作的夜景

9. "画笔描边"滤镜

"画笔描边"滤镜共有8种,它们的主要作用是利用不同的油墨和画笔勾画图像,产生涂抹的艺术效果,下面分别介绍。

● **"喷溅"滤镜**:该滤镜能给图像造成笔墨喷溅的艺术效果。在其对话框中可以通过控制"喷色半径"和"平滑度"来确定喷射效果的轻重。

● **"喷色描边"滤镜**:该滤镜可产生斜纹飞溅的效果。

● **"墨水轮廓"滤镜**:该滤镜能在图像的颜色边界部分产生用油墨勾画出轮廓的效果。在其对话框中可设定"描边长度"、"深色强度"和"光照强度"3个选项。

● **"强化的边缘"滤镜**:该滤镜将强化图像的不同颜色的边界处理。在该滤镜对话框中可设定"边缘宽度"、"边缘亮度"和"平滑度"3个选项。

● **"成角的线条"滤镜**:该滤镜可使图像产生倾斜笔锋的效果。在其对话框中可设定"方向平衡"、"描边长度"和"锐化程度"3个选项。

- **"深色线条"滤镜**：该滤镜可在图像中产生很强烈的黑色阴暗面。在其对话框中可设定"平衡"、"黑色强度"和"白色强度"3个选项。

- **"烟灰墨"滤镜**：该滤镜可以产生类似用黑色墨水在纸上进行绘制的柔化模糊边缘的效果。该滤镜对话框中的"对比度"选项用于控制图像烟灰墨效果的程度，其值越大，产生的效果越明显。

- **"阴影线"滤镜**：该滤镜可以产生交叉网纹和笔锋。在其对话框中可设定"描边长度"、"锐化程度"和"强度"3个选项。

10. "素描"滤镜

"素描"滤镜主要用来模拟素描或手绘外观，这类滤镜可以在图像中加入底纹从而产生三维效果。"素描"滤镜中大多数的滤镜都要配合前景色和背景色来使用，因此，前景色与背景色的设定将对该类滤镜的效果起决定作用。这类滤镜共有14种，下面分别介绍。

- **"便条纸"滤镜**：该滤镜可以产生类似浮雕的凹陷压印图案，用前景色和背景色来着色。

- **"半调图案"滤镜**：该滤镜使用前景色和背景色在当前图片中产生网板图案。在其对话框中可设定"大小"、"对比度"和"图案类型"3个选项，图案类型有"圆形"、"网点"和"直线"3种。

- **"图章"滤镜**：该滤镜可以使图像产生类似印章的效果。该滤镜对话框中的"明/暗平衡"选项用于设置前景色与背景色的混合比例；而"平滑度"选项用于调节图章效果的锯齿程度，其值越大，图像越光滑。

- **"基底凸现"滤镜**：该滤镜主要用来制造粗糙的浮雕效果，图像以前景色和背景色来填充。

- **"塑料效果"滤镜**：该滤镜可以产生塑料绘画效果。

- **"影印"滤镜**：该滤镜用来模拟影印效果，处理后的图像高亮区显示前景色，阴暗区显示背景色。

- **"撕边"滤镜**：该滤镜可在前景、背景和图像的交界处制作溅射分裂效果。

- **"水彩画纸"滤镜**：该滤镜是"素描"滤镜中唯一能大致保持源图像色彩的滤镜，该滤镜能产生画面浸湿、纸张扩散的效果。在其对话框中可设定"纤维长度"、"亮度"和"对比度"3个选项。

- **"炭笔"滤镜：** 该滤镜可以产生炭笔画的效果。用户在执行此滤镜时，同样需设定前景色与背景色。
- **"炭精笔"滤镜：** 该滤镜用来在图像上模拟浓黑和纯白的炭精笔纹理。
- **"粉笔和炭笔"滤镜：** 该滤镜可模拟以粉笔和木炭作为绘画工具绘制的图像，经它处理的图像显示前景色、背景色和灰色。

- **"绘图笔"滤镜：** 该滤镜可产生一种素描画的效果，它使用的颜色也是前景色。
- **"网状"滤镜：** 该滤镜可以制作网纹效果，使用时需要设定前景色和背景色。
- **"铬黄"滤镜：** 该滤镜可以产生一种液态金属效果。该滤镜的执行无需设定前景色和背景色。

11. "纹理"滤镜

"纹理"子菜单下共有 6 种滤镜，它们的主要功能是在图像中加入各种纹理。这种滤镜常用于制作图像的凹凸纹理和材质效果。

- **"拼缀图"滤镜：** 该滤镜将图像分成一个个规则排列的方块，每个方块内的像素颜色的平均值作为该方块的颜色，产生一种建筑上贴瓷砖的效果。
- **"染色玻璃"滤镜：** 该滤镜用于产生不规则分离的彩色玻璃格子，格子内的颜色由该处像素颜色的平均值来确定。
- **"纹理化"滤镜：** 该滤镜的主要功能是在图像中加入各种纹理，在该对话框中可设定"纹理"、"缩放"、"凸现"和"光照"4 个选项。当在"纹理"下拉列表框中选择"载入纹理"选项时，Photoshop 会打开一个"装载"对话框，要求选择一个*.psd 文件作为产生纹理的模板。

- **"颗粒"滤镜**：该滤镜可在图像中随机加入不规则的颗粒，并按规定的方式形成各种颗粒纹理。在其对话框中可设置"强度"、"对比度"和"颗粒类型"3个选项。

- **"马赛克拼贴"滤镜**：该滤镜可产生马赛克拼贴的效果。在其对话框可设定"拼贴大小"、"缝隙宽度"(即拼贴间隙的宽度，一般以相邻像素的暗色表示)和"加亮缝隙"(即调整拼贴缝隙间颜色的亮度)3个选项。

- **"龟裂缝"滤镜**：该滤镜以随机的方式在图像中生成龟裂纹理，并能产生浮雕效果。

12. "艺术效果"滤镜

"艺术效果"滤镜的主要作用是对图像进行艺术效果处理。该组滤镜只能用于 RGB 和多通道模式的图像，包括以下 15 种。

- **"塑料包装"滤镜**：经"塑料包装"滤镜处理后的图像周围好像蒙着一层塑料一样。在该滤镜对话框中可以设定 3 个选项，即"高光强度"、"细节"和"平滑度"。

- **"壁画"滤镜**：该滤镜能使图像产生壁画效果。在该滤镜对话框中可设定"画笔大小"、"画笔细节"和"纹理"3个选项。

- **"干画笔"滤镜**：该滤镜可使图像产生一种不饱和干枯的油画效果。

- **"底纹效果"滤镜**：该滤镜可以根据纹理的类型和色值产生一种纹理喷绘的效果。它与"粗糙蜡笔"滤镜对话框的设置相同，但效果不同。

- **"彩色铅笔"滤镜**：该滤镜用于模拟美术中彩色铅笔绘图的效果。
- **"木刻"滤镜**：该滤镜用于模拟木刻效果。在该滤镜对话框中可以调整"色阶数"、"边缘简化度"和"边缘逼真度"等。
- **"水彩"滤镜**：该滤镜可以产生水彩画的绘制效果。
- **"海报边缘"滤镜**：该滤镜可自动追踪图像中颜色变化剧烈的区域，并在边界上填入黑色的阴影。
- **"海绵"滤镜**：该滤镜可以给图像造成画面浸湿的效果。
- **"粗糙蜡笔"滤镜**：该滤镜可以在图像中填入一种纹理，从而产生纹理浮雕效果。
- **"绘画涂抹"滤镜**：该滤镜可以产生涂抹的模糊效果。

- **"涂抹棒"滤镜**：该滤镜可以模拟手指涂抹的效果。
- **"胶片颗粒"滤镜**：该滤镜在产生一种软片颗粒纹理效果的同时，增亮图像并加大其反差。
- **"调色刀"滤镜**：该滤镜可以使相近颜色融合，产生绘画效果。在该滤镜对话框中，可以设定"描边大小"、"描边细节"和"软化度"3个选项。
- **"霓虹灯光"滤镜**：该滤镜可以产生霓虹灯光照效果，营造出朦胧的气氛。在该滤镜对话框中可以设定"发光大小"、"发光亮度"和"发光颜色"3个选项。单击"发光颜色"的颜色框，将打开"拾色器"对话框，可从中设定灯光颜色。

13. "锐化"滤镜

"锐化"滤镜主要通过增强相邻像素间的对比度来减弱或消除图像的模糊，以达到清晰图像的效果。这类滤镜共有5种，下面分别介绍。

- **"USM 锐化"滤镜**：该滤镜在处理过程中使用模糊蒙版，以产生边缘轮廓锐化的效果。该滤镜是所有"锐化"滤镜中锐化效果最强的滤镜，它兼有"进一步锐化"、"锐化"和"锐化边缘"3 种滤镜的所有功能。

- **"智能锐化"滤镜**：它采用新的运算方法，可以更好地进行边缘探测，减少锐化后所产生的晕影，从而进一步改善图像边缘的细节。
- **"锐化"和"进一步锐化"滤镜**：这两种滤镜的主要功能都是提高相邻像素点之间的对比度，使图像清晰，只是"进一步锐化"滤镜比"锐化"滤镜的锐化效果更强。
- **"锐化边缘"滤镜**：该滤镜仅仅锐化图像的轮廓，使不同颜色之间分界明显。也就是说，在颜色变化较大的色块边缘锐化，得到较清晰的效果，而又不会影响图像的细节。

14. "风格化"滤镜

"风格化"滤镜的主要作用是移动选区内图像的像素，提高像素的对比度，产生印象派及其他风格化作品的效果，这类滤镜共有以下 9 种。

- **"凸出"滤镜**：该滤镜给图像加上叠瓦图像，即将图像分成一系列大小相同但有机重叠放置的立方体或锥体。
- **"扩散"滤镜**：该滤镜使像素按规定的方式有机移动，形成一种看似透过磨砂玻璃观察一样的分离模糊效果。
- **"拼贴"滤镜**：该滤镜根据其对话框中指定的值将图像分成多块瓷砖状，产生拼贴效果。该滤镜与"凸出"滤镜相似，但生成砖块的方法不同。使用"拼贴"滤镜时，在各砖块之间会产生一定的空隙，用户可自定义空隙中的颜色。

- **"曝光过度"滤镜**：该滤镜产生图像正片和负片混合的效果，类似摄影中增加光线强度而产生的过度曝光效果。该滤镜不设对话框。
- **"查找边缘"滤镜**：该滤镜主要用来搜索颜色像素对比度变化大的边界，将高反

差区变亮，低反差区变暗，其他区域则介于二者之间，硬边变为线条，而柔边变粗，形成一个厚实的轮廓。

- **"浮雕效果"滤镜：**该滤镜主要用来产生浮雕效果，它通过勾划图像或所选取区域的轮廓和降低周围色值来生成浮雕效果。
- **"照亮边缘"滤镜：**该滤镜搜索主要颜色变化区域，加强其过渡像素，产生轮廓发光的效果。

- **"等高线"滤镜：**该滤镜与"查找边缘"滤镜类似，它沿亮区和暗区边界绘出一条较细的线。在其对话框中可以设定"色阶"和"边缘"的产生方法(高于指定色阶或低于指定色阶)。
- **"风"滤镜：**该滤镜通过在图像中增加一些细小的水平线生成起风的效果。在其对话框中，用户可以设定 3 种起风的方式，即"风"、"大风"和"飓风"，还可以设定"方向"(从左向右吹还是从右向左吹)。

15. 其他滤镜

除以上介绍的滤镜类型外，系统还提供了"其他"滤镜组与"数字水印"滤镜组，其特点如下。

- **"其他"滤镜组：**这类滤镜有 5 种，其主要作用是修饰某些细节部分，还可创建自己的特殊效果滤镜。
- **"数字水印"(Digimarc)滤镜组：**该类滤镜有两种，其主要作用是给 Photoshop 图像加入或阅读著作权信息。

8.2   利用滤镜处理数码照片

学习了 Photoshop 中滤镜的使用方法并了解了各类滤镜的特点后，下面我们就利用其中一些典型或常用滤镜来处理数码照片。

实例 1　利用"液化"滤镜改变人物脸型

掌握了"液化"滤镜的特点与作用后，下面我们利用它来为人物改变脸型。具体的操作方法如下。

⊕**1**　打开本书配套光盘"素材与实例\Ph8"文件夹中的"01.jpg"文件。从图中可以看到，人物的脸型为圆型。

⊕**2**　选择"滤镜"→"液化"命令，打开"液化"对话框，单击对话框左侧工具栏中的"冻结蒙版工具"，并在右侧的"工具选项"设置区设置画笔大小，然后在人物下巴和脸颊周围涂抹，以冻结该部分(以后对其他部分执行变形操作时该部分将不受影响)。

⊕**3**　利用"液化"对话框左侧工具栏中的"解冻蒙版工具"，在多选的区域小心地涂抹，将这些区域解冻。

快乐学电脑

4 选择左侧工具栏中的"向前变形工具"  ，并在右侧的"工具选项"设置区中设置画笔大小，然后将鼠标指针置于人物脸颊的右侧并轻轻地向脸内侧拖动鼠标，此时可看到人物的脸变瘦了。

工具选项

画笔大小:	48
画笔密度:	50
画笔压力:	100
画笔速率:	80
湍流抖动:	50
重建模式:	恢复

□ 光笔压力

5 继续用"向前变形工具"  ，将人物左侧的脸颊稍向右拖动，使人物的脸略显消瘦一些。

6 将人物脸型变形到理想效果后，单击"确定"按钮，关闭对话框。然后按 Ctrl+Z 组合键，对比改变脸型前后的效果。

改变前

改变后

实例2 利用"消失点"滤镜去除照片中多余的图像

在本例中，我们将利用"消失点"滤镜去除照片中的多余物，并保持图像的原透视效果。具体操作如下。

⊕**1** 打开本书配套光盘"素材与实例\Ph8"文件夹中的"02.jpg"文件，下面我们要利用"消失点"滤镜去除图像中的杂物。

⊕**2** 按 F7 键，打开"图层"调板，然后将"背景"图层复制为"背景副本"，并将其设置为当前图层。

⊕**3** 选择"滤镜"→"消失点"命令，打开"消失点"对话框，并选择对话框左侧工具栏中的"创建平面工具" 。然后将鼠标指针移至预览窗口中，沿着地板连续单击，创建 4 个角点，释放鼠标后，即可绘制一个平面透视网格。

在创建透视网格时，按 BackSpace 键来删除定义的角点或网格

快乐学电脑

提示

定义透视网格时，用户可以使用图像中的矩形对象或平面区域作为参考线定义网格。另外，如果定义的透视网格为红色或黄色时，表明网格的透视角度不正确，需要调整网格角点的位置，直至网格变为蓝色。

⊕4 选择"消失点"对话框左侧工具栏中的"编辑平面工具" 拖动平面透视网格的角点，调整网格大小至框选图像中的杂物和小狗。

⊕5 选择"消失点"对话框左侧工具栏中的"选框工具" ，在平面网格内单击并拖动鼠标，即可绘制一个选区。此时，你会发现绘制的选区形状与网格的透视效果相同。

✤6 在"消失点"对话框上方参数设置区的"修复"下拉列表中选择"明亮度",然后将鼠标指针移至选区内。

✤7 按住 Alt 键同时,按下鼠标左键并向拖把区域拖动鼠标,释放鼠标后即可将拖把图像覆盖。

✤8 选择"消失点"对话框左侧工具栏中的"变换工具"，选区的四周可显示自由变形框。将鼠标指针移至变形框的控制点上，按下鼠标左键并拖动，调整选区内的地板，使其完全遮盖拖把。

快 乐 学 电 脑

225

⊕**9** 利用对话框左侧工具栏中的"选区工具" ⊡ 在胶带的附近选取地板图像。

⊕**10** 利用选区内的地板图像将胶带完全遮盖，调整至满意效果后，单击"确定"按钮，关闭"消失点"对话框。

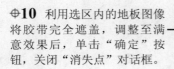

⊕**11** 此时，图像中的杂物被删除了，并且保留了地板图像的透视效果。

实例3 利用"镜头模糊"滤镜制作景深效果

在本例中，我们将利用"镜头模糊"滤镜来模拟数码相机的景深效果，具体的制作方法如下。

⊕**1** 打开本书配套光盘"素材与实例\Ph8"文件夹中的"03.jpg"文件，从图中可以看到，照片中的背景人物较多，我们要对背景进行模糊，以实现景深效果。

⊕**2** 利用快速蒙版将前景中的儿童制作成选区。

⊕**3** 按 F7 键，打开"图层"调板，然后 Ctrl+J 组合键，将选区内的儿童图像复制为"图层 1"，最后单击"背景"图层，将其设置为当前图层。

⊕**4** 按 Ctrl+J 组合键，将"背景"图层复制为"背景副本"图层。

227

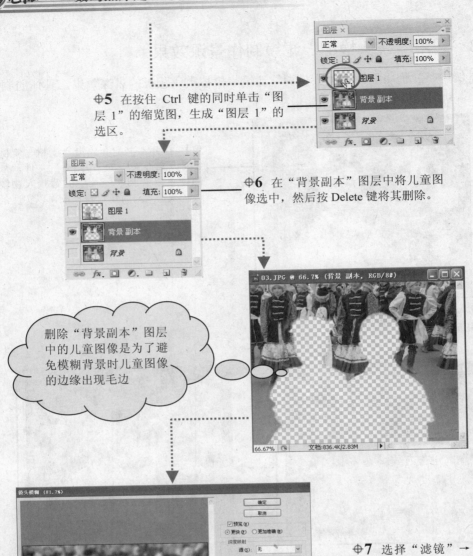

⊕**5** 在按住 Ctrl 键的同时单击"图层 1"的缩览图，生成"图层 1"的选区。

⊕**6** 在"背景副本"图层中将儿童图像选中，然后按 Delete 键将其删除。

删除"背景副本"图层中的儿童图像是为了避免模糊背景时儿童图像的边缘出现毛边

⊕**7** 选择"滤镜"→"模糊"→"镜头模糊"命令，打开"镜头模糊"对话框，在其中设置"半径"为 13、"叶片弯度"为 9、"旋转"为 49、"亮度"为 10，其他参数保持默认。

⊕8 调整至满意效果后，单击"确定"按钮，关闭"镜头模糊"对话框。这样，景深效果就制作好了。

"镜头模糊"对话框中部分参数的意义如下。

- **深度映射**：在其中的"源"下拉列表框中可以选择"透明度"或"图层蒙版"，然后拖动"模糊焦距"滑块可以设置位于焦点内的像素的深度；选中"反相"复选框可以翻转近景或远景的深度。
- **形状**：在其右侧的下拉列表框中可定义光圈。
- **叶片弯度**：拖动该滑块可以对光圈边缘进行平滑处理。
- **旋转**：拖动该滑块可以旋转光圈。
- **半径**：用于控制图像模糊的程度。
- **镜面高光**：用于控制模糊图像时高光的亮度和范围。其中拖动"阈值"滑块可调整亮度截止点(比该截止点值亮的所有像素都被视为镜面高光)；拖动"亮度"滑块可以在模糊图像的同时增加高光的亮度。
- **杂色**：该区域用于向图像中添加杂色。其中"平均"和"高斯分布"用于设置杂色的分布方式；选中"单色"复选框可以在不影响颜色的情况下添加杂色，并可通过拖动"数量"滑块来增加或减少杂色。

实例 4 利用"高斯模糊"滤镜虚化背景突出主题

利用"高斯模糊"滤镜可以快速使图像产生一种朦胧效果，在使用该滤镜时允许用户自由调整模糊程度。下面，我们利用该滤镜来虚化图像的背景，以实现突出主题的目的。

⊕1 打开本书配套光盘"素材与实例\Ph8"文件夹中的"04.jpg"文件，下面我们要突出照片中的大束花朵。

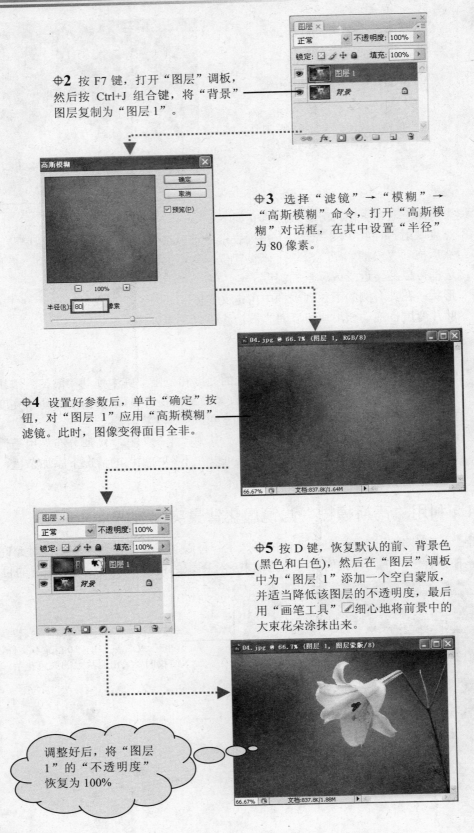

⊕**2** 按 F7 键，打开"图层"调板，然后按 Ctrl+J 组合键，将"背景"图层复制为"图层 1"。

⊕**3** 选择"滤镜"→"模糊"→"高斯模糊"命令，打开"高斯模糊"对话框，在其中设置"半径"为 80 像素。

⊕**4** 设置好参数后，单击"确定"按钮，对"图层 1"应用"高斯模糊"滤镜。此时，图像变得面目全非。

⊕**5** 按 D 键，恢复默认的前、背景色(黑色和白色)，然后在"图层"调板中为"图层 1"添加一个空白蒙版，并适当降低该图层的不透明度，最后用"画笔工具" 细心地将前景中的大束花朵涂抹出来。

调整好后，将"图层 1"的"不透明度"恢复为 100%

实例5 利用"径向模糊"滤镜让阳光洒满树林

利用"径向模糊"滤镜可以使图像产生旋转或放射模糊效果。下面,我们要利用"径向模糊"滤镜制作阳光洒满树林的效果。具体制作方法如下。

⊕**1** 打开本书配套光盘"素材与实例\Ph8"文件夹中的"05.jpg"文件。

⊕**2** 下面,我们要选取图像中最亮的区域,首先用"套索工具" 将图像的上部制作成选区。

⊕**3** 选择"选择"→"色彩范围"命令,打开"色彩范围"对话框,在其中的"选择"下拉列表框中选择"高光"选项。此时,在预览窗口中可看到,所选区域中的高光区域变成了白色。

⊕**4** 设置好参数后,单击"色彩范围"对话框中的"确定"按钮,图像中的高光区被选取出来。

5 按 F7 键，打开"图层"调板，并在"图层"调板中新建"图层 1"，然后用白色填充选区，并取消选区。

6 选择"滤镜"→"模糊"→"径向模糊"命令，打开"径向模糊"对话框，在其中设置"数量"为 100、"模糊方法"为"缩放"、"品质"为"好"，然后将鼠标指针置于"中心模糊"缩览图中，按下鼠标左键并拖动，设置模糊的中心位置。

7 设置好参数后，单击"确定"按钮，对"图层 1"应用"径向模糊"滤镜。此时，阳光倾洒在林间。由于光线是从树的背面射来，并无法穿透树木，因此，我们需要对光线进行进一步修饰。

8 将前景色设置为"黑色"，然后在"图层"调板中为"图层 1"添加一个图层蒙版，并用"画笔工具" ✏️ 编辑蒙版，小心地将树木背光处的光线擦除。

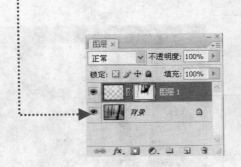

✛**9** 在"图层"调板中将 "图层 1"再复制一份， 以增加光线的强度。

✛**10** 在工具栏中选择"渐变工 具" ，在其工具属性栏中单击 "点按可编辑渐变"图标 ，然后在打开的"渐变编 辑器"对话框中编辑渐变颜色。

f9b8c6

#f8d79f

不透明度 为 0

鼠标拖动 的方向

✛**11** 在所有图层之上新建"图层 2"， 然后利用"渐变工具" 在图像窗口中 从上向下拖动鼠标绘制黄色到粉色的线 性渐变图案。

✛**12** 在"图层"调板中设置"图层 2" 的混合模式为"叠加"，这样，洒进树 林的阳光被附加了金黄色。

快
乐
学
电
脑

⊕**13** 按住 Alt 键的同时，将"图层 1"的图层蒙版复制到"图层 2"，这样，万道金光就透过浓密的树叶倾洒在林荫之中了。

实例6 利用"高反差保留"滤镜让照片更清晰

"高反差保留"滤镜可以在有强烈颜色转变发生的地方按指定的半径保留边缘细节，并且不显示图像的其余部分。利用"高反差保留"滤镜可以去除图像中的微小细节，其效果与"高斯模糊"滤镜的相反。下面，我们就利用该滤镜来处理轻微模糊的照片，使其更加清晰。

⊕**1** 打开本书配套光盘"素材与实例\Ph8"文件夹中的"06.jpg"文件，从图中可以看到，照片中的小孩有些模糊。

⊕**2** 按 F7 键，打开"图层"调板，然后按 Ctrl+J 组合键，将"背景"图层复制为"图层 1"。

⊕**3** 按 Shift+Ctrl+U 组合键，将
　　"图层 1"去色。

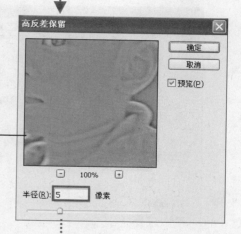

⊕**4**　选择"滤镜"→"其他"
→"高反差保留"命令，打开
"高反差保留"对话框，在其
中设置"半径"为 5 像素。

⊕**5**　设置好参数后，单击"确
　　定"按钮，对"图层 1"应用
　　"高反差保留"滤镜。

快
乐
学
电
脑

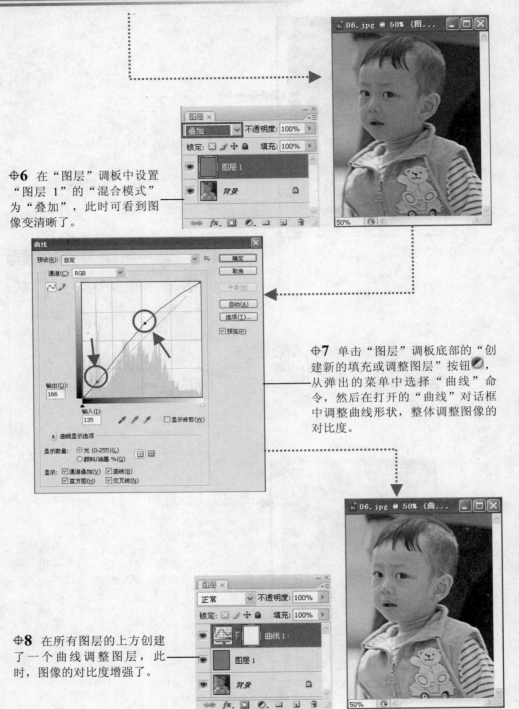

⊕**6** 在"图层"调板中设置"图层 1"的"混合模式"为"叠加",此时可看到图像变清晰了。

⊕**7** 单击"图层"调板底部的"创建新的填充或调整图层"按钮◑,从弹出的菜单中选择"曲线"命令,然后在打开的"曲线"对话框中调整曲线形状,整体调整图像的对比度。

⊕**8** 在所有图层的上方创建了一个曲线调整图层,此时,图像的对比度增强了。

实例7 利用"浮雕效果"滤镜让老人的脸显得更沧桑

利用"浮雕效果"滤镜可以使图像产生浮雕效果,下面我们利用该滤镜来处理数码照片,使照片中的老人看上去更沧桑。

⊕**1** 打开本书配套光盘"素材与实例\Ph8"文件夹中的"07.jpg"文件，下面利用"浮雕效果"滤镜来增强老人皱纹的深度，使其显得更加苍老。

⊕**2** 按 F7 键，打开"图层"调板，将"背景"图层复制为"背景副本"，然后按 Shift+Ctrl+U 组合键，将"背景副本"中的人物图像去色。

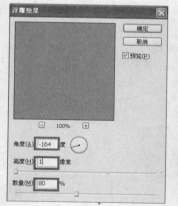

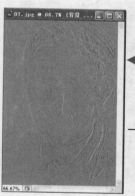

⊕**3** 选择"滤镜"→"风格化"→"浮雕效果"命令，打开"浮雕效果"对话框，在其中设置"角度"为 -164 度、"高度"为 1 像素、"数量"为 80%。

⊕**4** 在"图层"调板中设置"背景副本"的混合模式为"线性光"，此时人物的皱纹被加深了，头发变得更加花白。

快乐学电脑

⊕**5** 在"图层"调板中将"背景副本"图层再复制一份，使人物的皱纹更加深刻，这样老人就显得更加沧桑了。

⊕**6** 将前景色设置为"黑色"，然后为"背景副本2"添加一个图层蒙版，并利用"画笔工具" 在老人的头饰和衣服上涂抹，将这些区域隐藏。

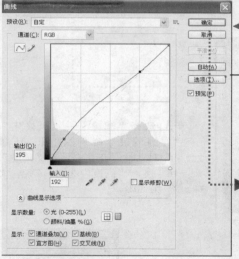

⊕**7** 在所有图层之上添加一个曲线调整图层，调整图像的亮度。

⊕**8** 此时，老人显得格外的沧桑。利用"历史记录"调板撤销打开图像后进行的所有操作，对比调整图像前后的效果。

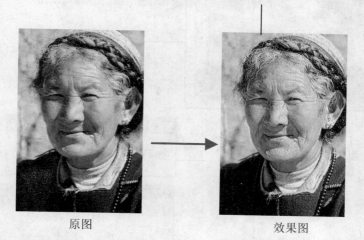

原图　　　　　　　　　　　　　　效果图

实例8　利用"光照效果"滤镜打造夜景效果

利用"光照效果"滤镜可以在 RGB 图像上产生无数种光照效果，也可以使用灰度图像的纹理产生类似 3D 的效果。下面，我们利用该滤镜将一幅白天拍摄的照片改变成夜景效果。

⊕**1** 打开本书配套光盘"素材与实例\Ph8"文件夹中的"08.jpg"文件，下面我们将利用"光照效果"滤镜将照片改变成夜景效果。

⊕**2** 按 F7 键，打开"图层"调板，按 Ctrl+J 组合键将"背景"图层复制为"图层 1"，然后按 Ctrl+I 组合键，将"图层 1"中的图像反相。

快乐学电脑

⊕**3** 利用"魔棒工具" 🔲和"多边形套索工具" 🔲将图像中反白的窗户和门制作成选区。

⊕**4** 按 Shift+Ctrl+I 组合键,将选区反选。然后按 Alt+Ctrl+D 组合键,打开"羽化选区"对话框,在其中设置"羽化半径"为 2 像素。

⊕**5** 按 Delete 键,删除选区内的图像,然后按 Ctrl+D 组合键取消选区。

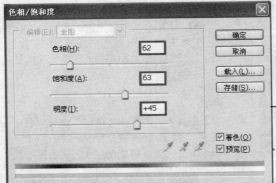

⊕**6** 按 Ctrl+U 组合键,打开"色相/饱和度"对话框,首先选中"着色"复选框,然后设置"色相"为 62、"饱和度"为 63、"明度"为+45。

⊕**7** 设置好参数后,单击"确定"按钮,利用"色相/饱和度"命令将门窗着色为浅黄色。

⊕**8** 打开"图层"调板，将"背景"图层复制为"背景副本"，并将其设置为当前图层。

聚焦点，拖动它可改变光源位置

⊕**9** 选择"滤镜"→"渲染"→"光照效果"命令，打开"光照效果"对话框。

控制点，拖动它可以改变灯光照射的强度和范围

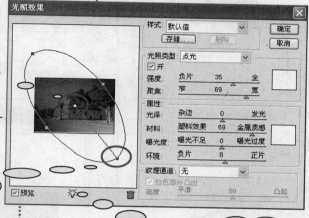

拖动该图标可增加光源，最多为 16 个

⊕**10** 在"光照效果"对话框中的"样式"下拉列表中选择"三处下射光"选项，此时预览窗口中便创建了三束光源。

⊕**11** 将鼠标指针置于最右侧的光源的聚焦点，然后将其移至图像中近景的路灯处。

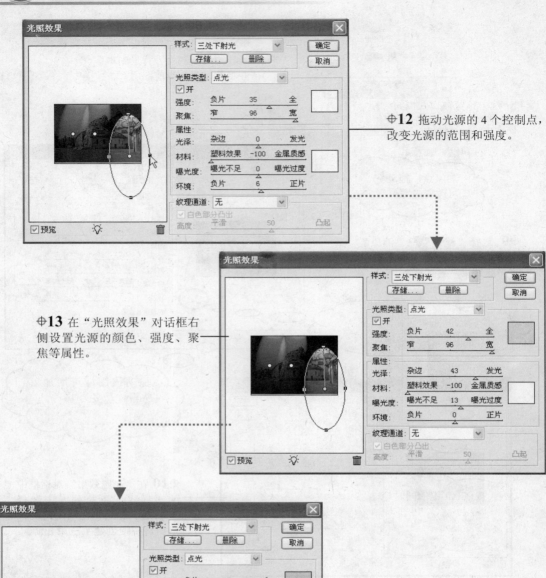

☼**12** 拖动光源的 4 个控制点，改变光源的范围和强度。

☼**13** 在"光照效果"对话框右侧设置光源的颜色、强度、聚焦等属性。

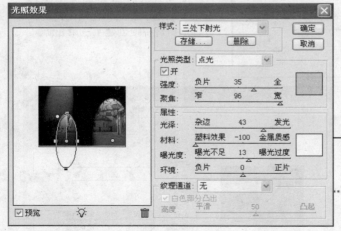

☼**14** 将预览窗口中间的光源移至图像中左侧的路灯处，并改变光源的强度、颜色和范围。

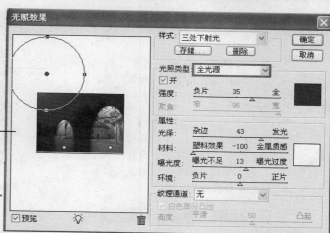

⊕**15** 选中预览窗口左侧的光源，将"光照类型"设置为"全光源"，然后移动光源的位置，并改变光源的颜色、强度和范围。

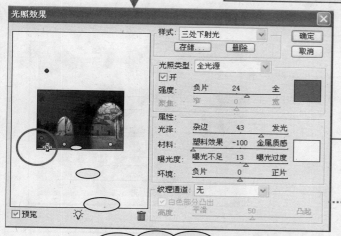

⊕**16** 将预览窗口下方的"灯泡"图标拖至预览区中，再添加两处光源，然后设置"光照类型"为"全光源"，并分别调整光源的颜色、位置和强度。

按住 Alt 键的同时拖动光源聚焦点，可在对话框内复制光源

⊕**17** 设置好光源后，单击"确定"按钮，关闭"光照效果"对话框，此时图像已经呈现出了夜景效果。

⊕**18** 下面，我们再为图像添加月亮和星光效果。打开"图层"调板，新建"图层2"，并将其放置在"图层1"的下方。

快乐学电脑

19 利用"椭圆选框工具" 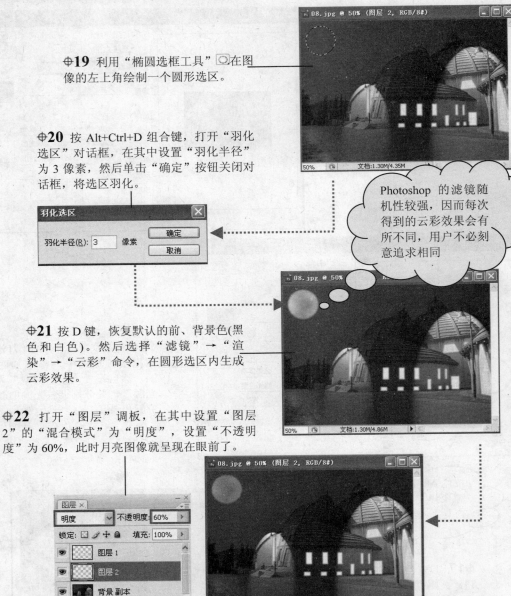 在图像的左上角绘制一个圆形选区。

20 按 Alt+Ctrl+D 组合键，打开"羽化选区"对话框，在其中设置"羽化半径"为 3 像素，然后单击"确定"按钮关闭对话框，将选区羽化。

Photoshop 的滤镜随机性较强，因而每次得到的云彩效果会有所不同，用户不必刻意追求相同

21 按 D 键，恢复默认的前、背景色(黑色和白色)。然后选择"滤镜"→"渲染"→"云彩"命令，在圆形选区内生成云彩效果。

22 打开"图层"调板，在其中设置"图层2"的"混合模式"为"明度"，设置"不透明度"为 60%，此时月亮图像就呈现在眼前了。

23 将前景色设置为"白色"，然后选择"画笔工具" 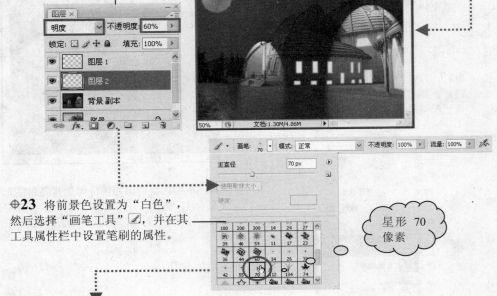，并在其工具属性栏中设置笔刷的属性。

星形 70 像素

⊕**24** 设置好笔刷的属性后，利用"画笔工具" ☑ 在图像中绘制星星。这样，一幅夜景效果照片就制作好了。

实例9 利用"云彩"和"凸出"滤镜制作蓝天白云效果

利用"云彩"滤镜可以使用介于前景色与背景色之间的随机值生成柔和的云彩图案。下面，我们利用该滤镜为照片更换天空，使其呈现蓝天白云效果。

⊕**1** 打开本书配套光盘"素材与实例\Ph8"文件夹中的"09.jpg"文件，下面我们要为照片绘制蓝天、白云。

⊕**2** 按 F7 键打开"图层"调板，然后按 Ctrl+J 组合键，将"背景"图层复制为"图层 1"。

⊕**3** 选择"窗口"→"通道"命令，打开"通道"调板，将"蓝"通道拖至调板底部的"创建新通道"按钮 🖹 上，复制出"蓝副本"通道，并将其设置为当前通道。

快乐学电脑

⊕**4** 按 Ctrl+L 组合键，打开"色阶"对话框，利用"色阶"命令将"蓝副本"通道图像调整成纯黑白效果。

照片中天空图像的颜色比较单一，用户也可以直接用"魔棒工具"⚒选取

⊕**5** 利用"魔棒工具"⚒将"蓝副本"通道图像的大片白色区域制作成选区。

⊕**6** 在"通道"调板中，单击 RGB 通道返回图像编辑状态，按 Delete 键删除选区内的图像，并取消选区。

⊕**7** 设置前景色为"蓝色"(#3e49dd)、背景色为"浅蓝色"(#7a8ff7)。在"图层"调板中新建"图层 2"，并将其置于"图层 1"的下方。

⊕8 在工具箱中选择"渐变工具" ，并利用它在图像窗口中从上向下拖动鼠标，绘制前景色到背景色的线性渐变色，这样新的天空图像就制作好了。

⊕9 按 D 键，恢复默认的前、背景色(黑色和白色)，并在"图层 2"的上方新建"图层 3"。然后在按住 Alt 键的同时，选择"滤镜"→"渲染"→"云彩"命令，在"图层 3"中生成云彩图案。

提示

　　按住 Alt 键的同时，选择"滤镜"→"渲染"→"云彩"命令，可以生成色彩较分明的云彩；按住 Shift 键的同时，选择"滤镜"→"渲染"→"云彩"命令，可以生成低漫射较为柔和的云彩。

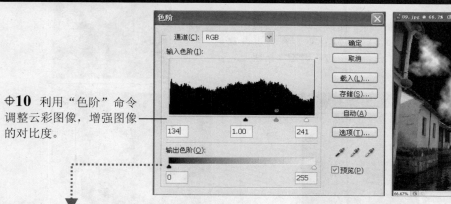

⊕10 利用"色阶"命令调整云彩图像，增强图像的对比度。

11 打开"图层"调板，在其中设置"图层 3"的混合模式为"滤色"，此时图像中已经呈现出蓝天、白云效果，但不够自然需要进一步修饰。

12 按 Ctrl+J 组合键，将"图层3"复制为"图层 3 副本"，增强白云的厚度。

13 选择"滤镜"→"风格化"→"凸出"命令，打开"凸出"对话框，在其中设置"类型"为"块"、"大小"为 2 像素、"深度"为 30，其他参数保持默认。

14 将参数设置好后，单击"确定"按钮，对"图层 3 副本"图层应用"凸出"滤镜。

15 选择"滤镜"→"模糊"→"高斯模糊"命令，打开"高斯模糊"对话框，在其中设置"半径"为 4 像素，然后单击"确定"按钮，应用"高斯模糊"滤镜。

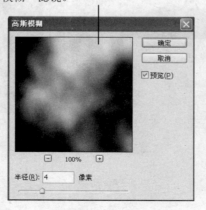

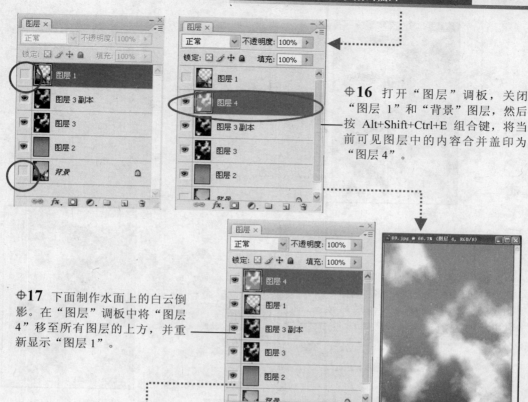

⊕**16** 打开"图层"调板，关闭"图层 1"和"背景"图层，然后按 Alt+Shift+Ctrl+E 组合键，将当前可见图层中的内容合并盖印为"图层 4"。

⊕**17** 下面制作水面上的白云倒影。在"图层"调板中将"图层 4"移至所有图层的上方，并重新显示"图层 1"。

⊕**18** 选择"编辑"→"变换"→"垂直翻转"命令，将"图层 4"中的图像垂直翻转，然后为该图层添加一个图层蒙版(前景色为黑色)，并利用"画笔工具" ✐ 编辑蒙版，使水面上的倒影自然、真实。这样，一幅蓝天白云效果的图像就制作好了。

实例 10　利用"高斯模糊"和"最小值"滤镜制作人物素描

利用"最小值"滤镜可以在指定的半径范围内扩展图像中的黑色区域，并相应地缩小白色区域，以强化图像中的黑色像素。巧妙地将"最小值"与"高斯模糊"滤镜结合应用，可以将人物照片快速加工成素描图画。

⊕**1** 打开本书配套光盘"素材与实例
\Ph8"文件夹中的"10.jpg"文件。

⊕**2** 按 F7 键，打开"图层"调板，
然后按 Ctrl+J 组合键，将"背景"
图层复制为"图层 1"，最后按
Shift+Ctrl+U 组合键，将"图层 1"
去色。

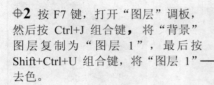

⊕**3** 按 Ctrl+J 组合键，将"图层
1"复制为"图层 1 副本"，并
按 Ctrl+I 组合键，将图像反相。

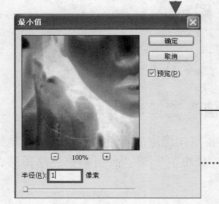

⊕**4** 选择"滤镜"→"其他"→"最小值"命
令，打开"最小值"对话框，在其中设置
"半径"为 1 像素，然后单击"确定"按
钮，关闭对话框。

⊕**5** 打开"图层"调板,将"图层 1 副本"的混合模式设置为"颜色减淡",此时图像呈现出素描效果,但不够强烈需要进一步调整。

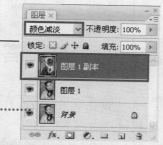

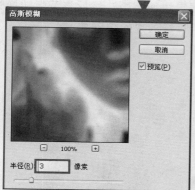

⊕**6** 选择"滤镜"→"模糊"→"高斯模糊"命令,打开"高斯模糊"对话框,在其中设置"半径"为 3 像素,然后单击"确定"按钮对图像应用"高斯模糊"滤镜。此时,一幅完美的素描画就完成了。

 提示

在 Photoshop 中,执行完一个滤镜(具有参数设置对话框的滤镜)后,按 Alt+Ctrl+F 组合键,可以重新打开参数设置对话框修改参数。但是,该操作不适用于"抽出"、"图案生成器"、"消失点"和"液化"滤镜。

练 一 练

下面我们做一些小练习,以判断你对所学内容的掌握程度。

(1) 滤镜的处理效果是以_____为单位的,因此,滤镜的处理效果与图像的_____有关。

(2) 在 Photoshop 中,可以对_____模式的图像应用系统提供的所有滤镜。

(3) 在任一滤镜对话框中,按_____键,对话框中的"取消"按钮即可变成"复位"按钮,单击它可将滤镜设置恢复到刚打开对话框时的状态。

(4) 按_____组合键,可快速重复上次执行的滤镜命令。

(5) 按_____组合键,可以打开上一次执行的滤镜参数设置对话框并重新修改参数。

(6) 按住_____键的同时,选择"滤镜"→"渲染"→"云彩"命令,可以生成色

快乐学电脑

彩较为分明的云彩。

(7) 在使用"光照效果"滤镜时,在其对话框中按住_____键的同时,拖动光源聚焦点可以复制光源。

问 与 答

问: 如何利用滤镜功能来制作特殊效果的选区?

答: 在 Photoshop 中,滤镜只对当前选中的某一图层(包含选区内的图像)或通道起作用,而不能直接编辑选区。但是,我们可以利用滤镜来编辑快速蒙版,然后将蒙版转换为选区即可。通常情况下,我们可利用这种方式为图像制作特殊效果的边框。

问: 如何对文字图层应用滤镜?

答: 在 Photoshop 中,不能直接对文字图层应用滤镜,而需要将文字图层进行栅格化处理,然后再对其应用滤镜。但此时将不能再对文本内容作修改。

问: 如何安装第三方厂商提供的外挂滤镜?

答: 安装第三方厂商提供的外挂滤镜主要分以下两种方式。

● **第 1 种**: 对于简单的未带安装程序的滤镜,用户只需将相应的滤镜文件(扩展名为.8BF)复制到 Program Files/Adobe/Photoshop CS3/Plug-Ins/ Filters 文件夹中即可。

● **第 2 种**: 对于复杂的带有安装程序的滤镜,在安装时必须将其安装路径设置为 Program Files/Adobe/Photoshop CS3/Plug-Ins/ Filters。

第9章 数码照片的合成与创意

利用 Photoshop 处理数码照片的最高层次，是将自己的创意和设想通过各种图像处理方法对照片进行艺术化加工来实现，最终使照片呈现出理想化效果。

实例1 制作个人照片日历

我们可以利用 Photoshop 将自己的数码照片制作成日历效果，并使用它来装饰电脑桌面。在本例中，我们制作的日历效果如下图所示。

⊕1 按 Ctrl+N 组合键，打开"新建"对话框，在其中设置新文档的参数，然后单击"确定"按钮，创建一个新图像文件。

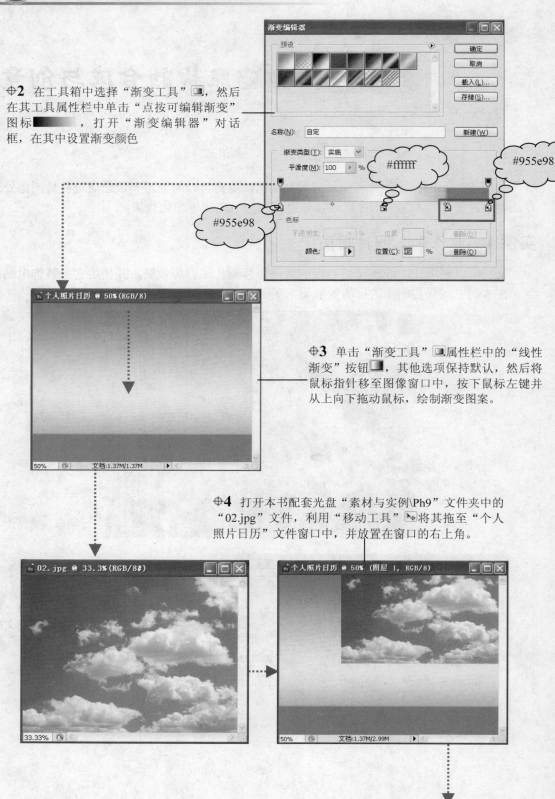

2 在工具箱中选择"渐变工具" ，然后在其工具属性栏中单击"点按可编辑渐变"图标 ，打开"渐变编辑器"对话框，在其中设置渐变颜色

#ffffff

#955e98

#955e98

3 单击"渐变工具" 属性栏中的"线性渐变"按钮 ，其他选项保持默认，然后将鼠标指针移至图像窗口中，按下鼠标左键并从上向下拖动鼠标，绘制渐变图案。

4 打开本书配套光盘"素材与实例\Ph9"文件夹中的"02.jpg"文件，利用"移动工具" 将其拖至"个人照片日历"文件窗口中，并放置在窗口的右上角。

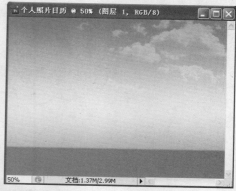

⊕5 打开"图层"调板，系统自动生成"图层 1"，然后设置"图层 1"的"混合模式"为"变亮"、"不透明度"为 50%。

⊕6 设置前景色为"黑色"，单击"图层"调板底部的"添加图层蒙版"按钮 ▣，为"图层 1"添加一个图层蒙版，然后利用"画笔工具" ✎ 编辑蒙版，使天空图像自然融入背景中。

⊕7 打开本书配套光盘"素材与实例\Ph9"文件夹中的"01.jpg"文件，利用"移动工具" ▶ 将其拖至"个人照片日历"文件窗口的右侧。

⊕8 选择"滤镜"→"素描"→"影印"命令，打开"影印"对话框，在其中设置"细节"为 8、"暗度"为 15，然后单击"确定"按钮，对"图层 2"应用"影印"滤镜。

执行"影印"滤镜前设置前景色为"紫色"(#955e98)

此时，"图层2"中的图像呈现紫色素描效果

◆9 打开"图层"调板，设置"图层 2"的混合模式为"深色"，并为其添加图层蒙版，使其自然地融入背景图像中。

◆10 打开本书配套光盘"素材与实例\Ph9"文件夹中的"03.jpg"文件，利用"移动工具"  将其拖至"个人照片日历"文件窗口的左侧。

◆11 在"图层"调板中为人物所在的"图层 3"添加图层蒙版，并用"画笔工具"  编辑蒙版，使人物图像与背景自然地融合。

⊕**12** 打开本书配套光盘"素材与实例 \Ph9"文件夹中的"04.jpg"文件，利用 "移动工具" ⊾将其拖至"个人照片日 历"文件窗口的左下角，并适当调整图 像大小。

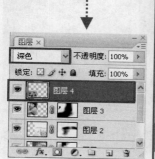

⊕**13** 按 Ctrl+I 组合键，将花 朵图像反相，然后在"图层" 调板中设置花朵所在"图层 4"的混合模式为"深色"。

⊕**14** 为"图层 4"添加 图层蒙版，并利用"画 笔工具" ✎编辑蒙版， 使花朵图像自然地融入 背景图像中。

⊕**15** 单击"图层"调板底部的 "添加图层样式"按钮*fx.*，从弹 出的下拉菜单中选择"外发光" 命令，打开"图层样式"对话 框，在其中设置外发光参数，为 "图层 4"添加外发光效果。

16 打开本书配套光盘"素材与实例\Ph9"文件夹中的"05.jpg"、"06.jpg"、"08.jpg"和"09.jpg"文件，然后利用"移动工具" 分别将其拖至"个人照片日历"文件窗口中。

17 利用"对齐"与"分布"命令调整4个人物图像，使它们均匀分布。

18 打开本书配套光盘"素材与实例\Ph9"文件夹中的"09a.jpg"文件，利用"移动工具" 将其移至"个人照片日历"文件窗口中，并放置在窗口的右上角，这样，一个完整的个人照片日历就做好了。

实例2　制作山水国画

在 Photoshop 中我们可以轻而易举地将数码照片处理成水墨国画效果，这对于没有绘画基础的人来讲，也能让其过把画家瘾。在本例中，我们将制作如下图所示的山水国画，其具体的制作方法如下。

⊕**1**　打开本书配套光盘"素材与实例\Ph9"文件夹中的"27.jpg"文件，下面我们要将其处理成国画。

⊕**2**　按 F7 键，打开"图层"调板，然后按 Ctrl+J 组合键，将"背景"图层复制为"图层 1"，最后按 Shift+Ctrl+U 组合键，将"图层 1"去色。

快
乐
学
电
脑

⊕**3** 按 Ctrl+J 组合键，将"图层 1"复制为"图层 1 副本"，然后按 Ctrl+I 组合键，将"图层 1 副本"中的图像反相，并将该图层的混合模式设置为"颜色减淡"。

此时，图像变为空白，别担心，接着往下做

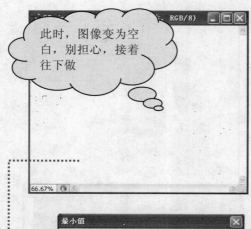

⊕**4** 选择"滤镜"→"其他"→"最小值"命令，打开"最小值"对话框，在其中设置"半径"为 1 像素，然后单击"确定"按钮，对"图层 1 副本"图层应用该滤镜。此时，图像呈现出素描效果。

⊕**5** 按 Ctrl+E 组合键，向下合并图层，将"图层 1 副本"与"图层 1"合并为"图层 1"。

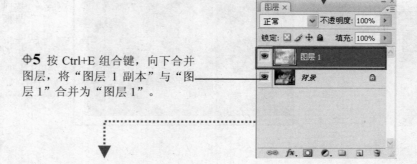

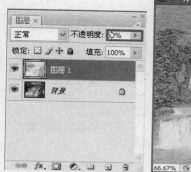

⊕**6** 在"图层"调板中设置"图层 1"的"不透明度"为 60%，此时图像呈现出淡淡的色彩。

⊕**7** 按 Alt+Shift+Ctrl+E 组合键，将当前所有可见图层中的内容盖印合并为"图层 2"。

⊕**8** 按 Ctrl+J 组合键，将"图层 2"复制为"图层 2 副本"。

⊕**9** 选择"滤镜"→"艺术效果"→"木刻"命令，打开"木刻"对话框，在其中设置"色阶数"为 8、"边缘简化度"为 2、"边缘逼真度"为 2，然后单击"确定"按钮，对"图层 2 副本"应用该滤镜。

快 乐 学 电 脑

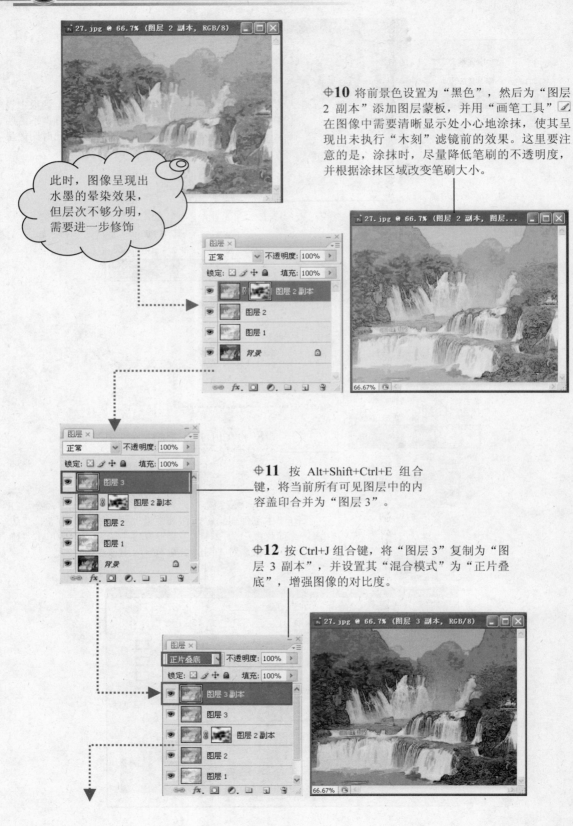

此时，图像呈现出水墨的晕染效果，但层次不够分明，需要进一步修饰

⊕**10** 将前景色设置为"黑色"，然后为"图层2 副本"添加图层蒙板，并用"画笔工具" ✍ 在图像中需要清晰显示处小心地涂抹，使其呈现出未执行"木刻"滤镜前的效果。这里要注意的是，涂抹时，尽量降低笔刷的不透明度，并根据涂抹区域改变笔刷大小。

⊕**11** 按 Alt+Shift+Ctrl+E 组合键，将当前所有可见图层中的内容盖印合并为"图层3"。

⊕**12** 按 Ctrl+J 组合键，将"图层3"复制为"图层 3 副本"，并设置其"混合模式"为"正片叠底"，增强图像的对比度。

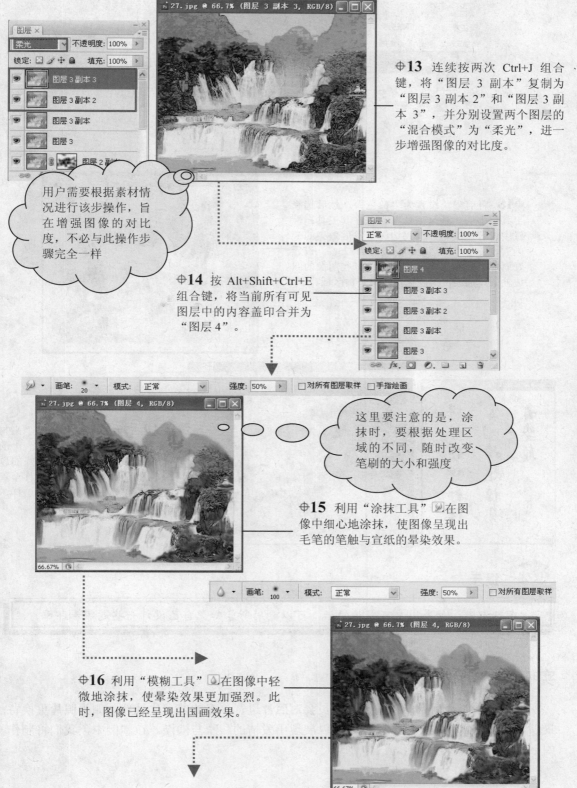

13 连续按两次 Ctrl+J 组合键，将"图层 3 副本"复制为"图层 3 副本 2"和"图层 3 副本 3"，并分别设置两个图层的"混合模式"为"柔光"，进一步增强图像的对比度。

用户需要根据素材情况进行该步操作，旨在增强图像的对比度，不必与此操作步骤完全一样

14 按 Alt+Shift+Ctrl+E 组合键，将当前所有可见图层中的内容盖印合并为"图层 4"。

这里要注意的是，涂抹时，要根据处理区域的不同，随时改变笔刷的大小和强度

15 利用"涂抹工具"在图像中细心地涂抹，使图像呈现出毛笔的笔触与宣纸的晕染效果。

16 利用"模糊工具"在图像中轻微地涂抹，使晕染效果更加强烈。此时，图像已经呈现出国画效果。

快乐学电脑

⊕**17** 下面，我们为国画题字。在所有图层之上，新建"图层5"。

⊕**18** 将前景色设置为"白色"，然后选择工具箱中的"画笔工具" ✐，在其工具属性栏中设置"画笔"为"边缘带发散效果的笔刷"，并将"不透明度"设置为25%。设置好属性后，利用"画笔工具" ✐在图像的四边轻微地描绘，为题字预留出空白区域。

⊕**19** 打开本书配套光盘"素材与实例\Ph9"文件夹中的"28.psd"文件，将准备好的题字图像利用"移动工具"移至国画中，并放置在右上角。这样，一幅国画就完成了。

🦉 提示

在本例中，如果用户有兴趣的话，可以利用所学知识自己设计一些题字和印章。

实例3 制作艺术婚纱照

拍完婚纱照片后，影楼的工作人员会对照片进行许多的艺术化处理，如为照片更换背景以及增加艺术化的文字、装饰等，以展现出爱情的甜蜜与浪漫。在本例中，我们将制作如下图所示的艺术婚纱照。

1.　制作背景

◆**1**　打开本书配套光盘"素材与实例\Ph9"文件夹中的"16.jpg"文件，下面，我们将这幅照片作为婚纱照的背景。

◆**2**　打开本书配套光盘"素材与实例\Ph9"文件夹中的"17.jpg"文件，利用"移动工具" ⊕ 将其移至"16.jpg"文件窗口的右下角。

◆**3**　按 F7 键，打开"图层"调板，此时系统自动生成"图层 1"，然后将该图层的"混合模式"设置为"正片叠底"。

✛4 将前景色设置为"黑色",然后为
"图层 1"添加图层蒙版,并利用"画
笔工具" ✐ 将人物图像的背景隐藏。

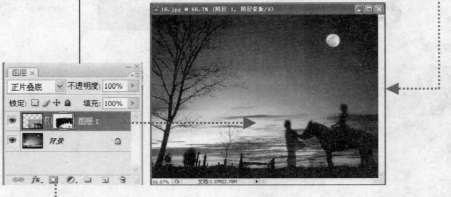

✛5 在"图层"调板中
新建"图层 2",并填
充白色。

✛6 选择"滤镜"→"渲染"→"纤维"命
令,打开"纤维"对话框,在其中设置"差
异"为 16.0、"强度"为 4.0,单击"确定"
按钮,对"图层 2"应用纤维滤镜。

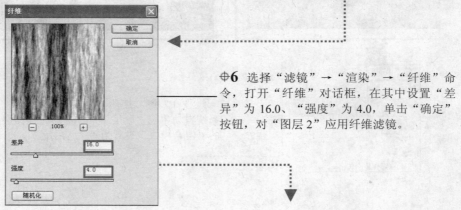

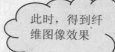

此时，得到纤维图像效果

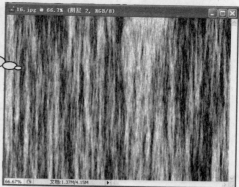

⊕**7** 选择"滤镜"→"模糊"→"动感模糊"命令，打开"动感模糊"对话框，在其中设置"角度"为-90度，"距离"为30像素，然后单击"确定"按钮，对"图层2"应用"动感模糊"滤镜。

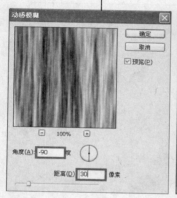

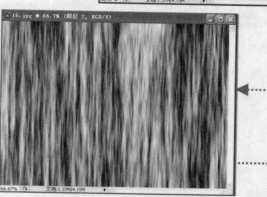

⊕**8** 选择"滤镜"→"风格化"→"查找边缘"命令，对"图层2"应用"查找边缘"滤镜。

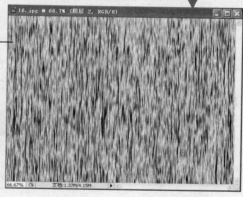

⊕**9** 选择"滤镜"→"模糊"→"动感模糊"命令，打开"动感模糊"对话框，在其中设置"角度"为-90度，"距离"为110像素，然后单击"确定"按钮，对"图层2"再次应用"动感模糊"滤镜。

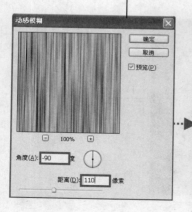

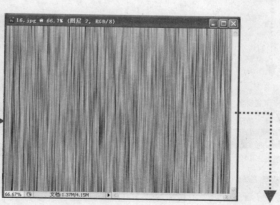

快乐学电脑

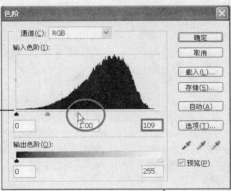

⊕**10** 按 Ctrl+L 组合键，打开"色
阶"对话框，在其中调整白色滑块的
位置，而其他两个滑块不动，使图像
中的黑色区域呈现断续的丝状。

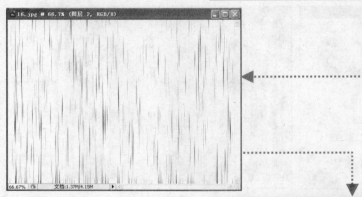

⊕**11** 按 Ctrl+I 组合
键，将"图层 2"图
像反相，然后设置该
图层的"混合模式"
为"滤色"。

⊕**12** 按 Ctrl+J 组合键，
将"图层 2"复制为
"图层 2 副本"，然后
利用"自由变换"命令
将图像旋转 90 度，并改
变图像的宽度，使其与
"图层 2"图像形成纵
横交错的光线。

13 打开"图层"调板，将"图层 2"和"图层 2 副本"的"不透明度"都设置为 40%。

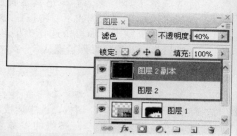

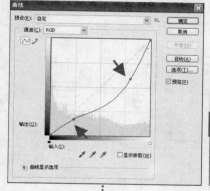

14 在所有图层之上创建一个"曲线 1"调整图层，以增强图像的反差。

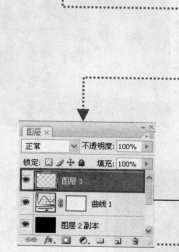

15 下面，我们要在图像中添加一些星光。按 Alt+Shift+Ctrl+N 组合键，在所有图层之上新建"图层 3"。

快乐学电脑

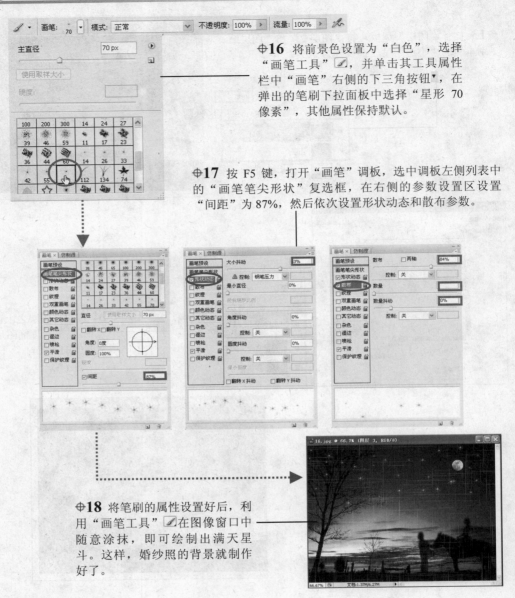

⊕16 将前景色设置为"白色",选择"画笔工具"，并单击其工具属性栏中"画笔"右侧的下三角按钮▼，在弹出的笔刷下拉面板中选择"星形 70 像素"，其他属性保持默认。

⊕17 按 F5 键，打开"画笔"调板，选中调板左侧列表中的"画笔笔尖形状"复选框，在右侧的参数设置区设置"间距"为 87%，然后依次设置形状动态和散布参数。

⊕18 将笔刷的属性设置好后，利用"画笔工具"在图像窗口中随意涂抹，即可绘制出满天星斗。这样，婚纱照的背景就制作好了。

2. 编辑人物图像

⊕1 打开本书配套光盘"素材与实例\Ph9"文件夹中的"18.jpg"文件，利用"移动工具"将其移至"16.jpg"图像文件窗口的左下角，然后用"魔棒工具"将人物图像的背景制作成选区。

2 按 F7 键，打开"图层"调板，按住 Alt 键的同时，单击"图层"调板底部的"添加图层蒙版"按钮 🔲，为人物所在的"图层 4"添加图层蒙版，将选区内的背景图像隐藏。

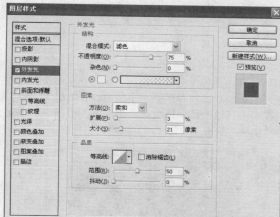

3 单击"图层"调板底部的"添加图层样式"按钮 *fx*，从弹出的下拉菜单中选择"外发光"命令，打开"图层样式"对话框。在其中设置外发光参数，然后单击"确定"按钮为"图层 4"中的人物添加外发光效果。

4 下面制作特殊效果的边框。将背景色设置为黑色，按 Ctrl+N 组合键，打开"新建"对话框，在其中设置新文档的参数，然后单击"确定"按钮新建一个背景内容为黑色的文档。

快乐学电脑

271

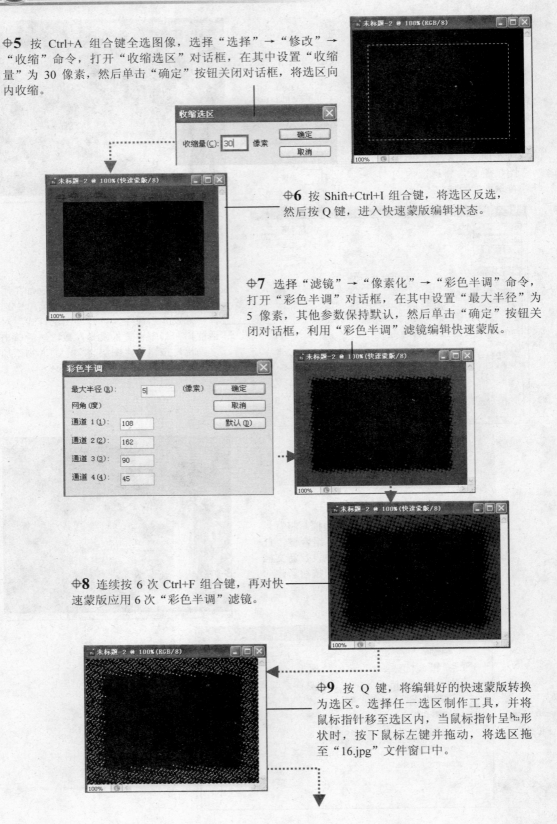

5 按 Ctrl+A 组合键全选图像，选择"选择"→"修改"→"收缩"命令，打开"收缩选区"对话框，在其中设置"收缩量"为 30 像素，然后单击"确定"按钮关闭对话框，将选区向内收缩。

6 按 Shift+Ctrl+I 组合键，将选区反选，然后按 Q 键，进入快速蒙版编辑状态。

7 选择"滤镜"→"像素化"→"彩色半调"命令，打开"彩色半调"对话框，在其中设置"最大半径"为 5 像素，其他参数保持默认，然后单击"确定"按钮关闭对话框，利用"彩色半调"滤镜编辑快速蒙版。

8 连续按 6 次 Ctrl+F 组合键，再对快速蒙版应用 6 次"彩色半调"滤镜。

9 按 Q 键，将编辑好的快速蒙版转换为选区。选择任一选区制作工具，并将鼠标指针移至选区内，当鼠标指针呈形状时，按下鼠标左键并拖动，将选区拖至"16.jpg"文件窗口中。

10 在所有图层之上新建"图层5",然后用白色填充边框选区,按Ctrl+D组合键取消选区,即可得到一个边框。

11 利用"自由变换"命令将边框适当缩小,然后选择"移动工具" ⬛,同时按下Alt和Shift键,当鼠标指针呈 ⬛ 形状时,水平向右拖动鼠标,将边框图像复制两份。

此时,系统会自动生成"图层5副本"和"图层5副本2"

12 将"图层5"设置为当前图层,然后利用"魔棒工具" ⬛ 将边框的内部制作成选区。

13 打开本书配套光盘"素材与实例\Ph9"文件夹中的"19.jpg"文件,按 Ctrl+A 组合键全选图像,然后按 Ctrl+C 组合键,将选区内的图像复制到剪贴板。

快乐学电脑

⊕**14** 切换到"16.jpg"图像文件窗口，按 Shift+Ctrl+V 组合键，将剪贴板中的内容粘贴到边框内。

此时，系统会自动生成"图层6"

⊕**15** 分别打开本书配套光盘"素材与实例\Ph9"文件夹中的"20.jpg"和"21.jpg"文件。

⊕**16** 按照步骤 13～14 的操作方法，分别将"20.jpg"和"21.jpg"文件中的人物图像粘贴到"图层 5 副本"和"图层 5 副本 2"中的边框内。此时，系统会自动生成"图层 7"和"图层 8"。

⊕**17** 打开"图层"调板，选中"图层 5"、"图层 5 副本"和"图层 5 副本 2"，以及"图层 6"～"图层 8"，然后按 Ctrl+E 组合键，将它们合并为"图层 8"。

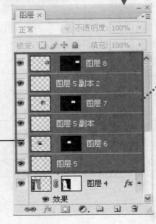

⊕**18** 选择"编辑"→"变换"→"变形"命令，利用"变形"命令变形边框内的图像，调整至满意效果后，按 Enter 键确认变形操作。

3. 添加装饰图案与文字

⊕**1** 选择"钢笔工具" ，在其工具属性栏中单击"路径"按钮 ，然后在图像窗口中绘制 5 条开放路径。

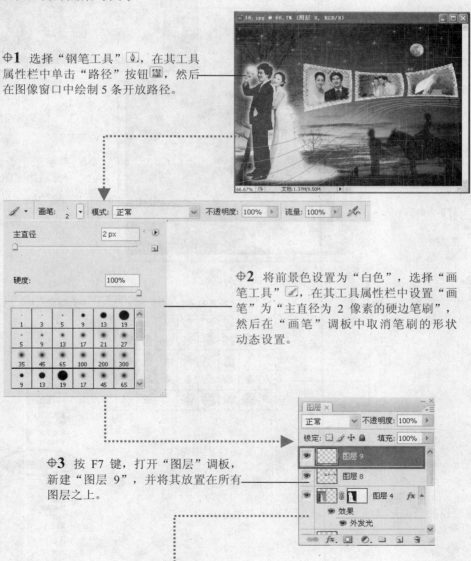

⊕**2** 将前景色设置为"白色"，选择"画笔工具" ，在其工具属性栏中设置"画笔"为"主直径为 2 像素的硬边笔刷"，然后在"画笔"调板中取消笔刷的形状动态设置。

⊕**3** 按 F7 键，打开"图层"调板，新建"图层 9"，并将其放置在所有图层之上。

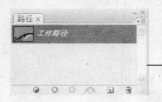

⊕**4** 选择"窗口"→"路径"命令，打开"路径"
调板，单击调板的空白处，然后单击"工作路径"
层，并选中 5 条开放的路径。

⊕**5** 单击"路径"调板底部的"用画笔
描边路径"按钮⊙，然后在"路径"调
板的空白处单击，取消路径的显示。此
时，在图像窗口中可得到 5 条白色的
曲线。

⊕**6** 将前景色设置为"黑
色"，然后为"图层 9"添
加图层蒙版，并利用"画笔
工具"☑编辑蒙版，将白色曲
线的两端涂抹成渐隐效果。

⊕**7** 选择"自定形状工具"☑，在其工具属性栏中单击
"填充像素"按钮▢，然后单击"形状"下拉列表框右侧
的下三角按钮▾，在弹出的形状下拉列表框中单击圆形三角
按钮⊙，并在弹出的面板菜单中选择"全部"选项，将系
统预设的全部形状添加到列表中，再从列表中选择"花
1"✱选项。

8 将"自定形状工具" 的属性设置好后,将鼠标指针移至白色曲线上,按下鼠标左键并随意拖动,即可绘制花 1 图案。

9 利用"横排文字工具" T 在图像窗口的右下角输入"爱"字,并设置合适的文字属性。

10 打开"图层"调板,将"爱"文字图层的"填充"设置为 0%。

11 为"爱"文字图层分别添加"外发光"和"描边"样式。

◆12 继续用"横排文字工具" <kbd>T</kbd> 在图像窗口输入其他文字。这样，一个漂亮的婚纱照就制作好了。

实例4　制作动感照片

利用 Photoshop 提供的"径向模糊"滤镜可以增强照片的视觉冲击力，使照片动感十足。下面，我们将制作如下图所示的动感广告效果。

◆1 打开本书配套光盘"素材与实例\Ph9"文件夹中的"11.jpg"文件，这是一张普通的人物照片，下面我们要将其处理成动感效果的广告宣传画。

⊕**2** 选择工具箱中的"矩形选框工具"，在其工具属性栏中单击"添加到选区"按钮，然后利用该工具在图像窗口中绘制 3 个大小不等的矩形选区。

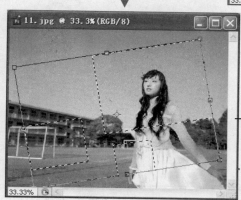

⊕**3** 选择"选择"→"变换选区"命令，在选区的四周显示自由变形框，然后将选区旋转，并按 Enter 键确认旋转操作。

⊕**4** 按 Ctrl+J 组合键，将选区内的图像复制为"图层 1"。

⊕**5** 在按住 Ctrl 键的同时，在"图层"调板中单击"图层 1"的缩览图，载入该图层的选区。

⊕**6** 选择"选择"→"修改"→"扩展"命令，打开"扩展选区"对话框，在其中设置"扩展量"为 10 像素，然后单击"确定"按钮关闭对话框，将选区由中心向外扩展。

快乐学电脑

279

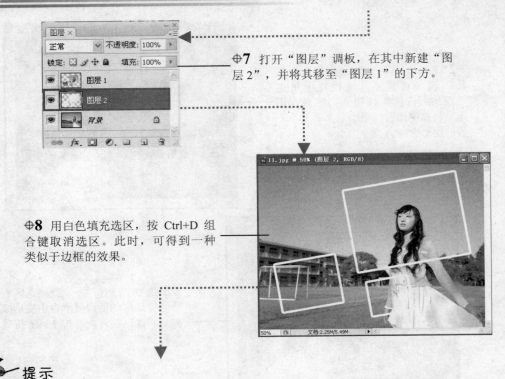

⊕**7** 打开"图层"调板，在其中新建"图层2"，并将其移至"图层1"的下方。

⊕**8** 用白色填充选区，按 Ctrl+D 组合键取消选区。此时，可得到一种类似于边框的效果。

提示

对于步骤8中制作的边框效果，我们也可以利用"编辑"菜单下的"描边"命令或者为"图层1"添加描边样式来获得相同效果。

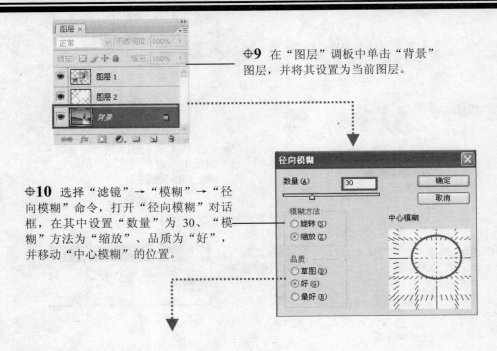

⊕**9** 在"图层"调板中单击"背景"图层，并将其设置为当前图层。

⊕**10** 选择"滤镜"→"模糊"→"径向模糊"命令，打开"径向模糊"对话框，在其中设置"数量"为 30、"模糊"方法为"缩放"、品质为"好"，并移动"中心模糊"的位置。

⊕11 设置好参数后，单击"确定"按钮，关闭"径向模糊"对话框，对"背景"图层应用"径向模糊"滤镜。此时，照片呈现了动感效果。

| T | - | ⬚ | 方正大标宋简体 ∨ | - | ∨ | T 60 点 ∨ | aa 锐利 ∨ | ▤ ▤ ▤ | ■ | ⌇ | ▤ |

⊕12 利用"横排文字工具" T 在图像窗口的左上角输入"动感魅力"字样(用户可根据个人所需设置文字属性)。

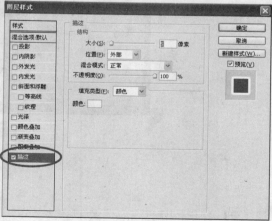

⊕13 按 F7 键打开"图层"调板，单击"图层"调板底部的"添加图层样式"按钮 *fx.*，在弹出的菜单中选择"投影"命令，打开"图层样式"对话框。然后依次为生成的"动感魅力"文字图层添加"投影"和"描边"样式。

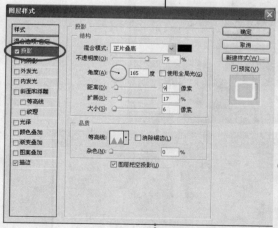

快乐学电脑

⊕**14** 在"图层"调板中将"动感魅力"文字图层的"填充"设置为 0%，这样，一幅动感十足的广告宣传画就制作好了。

实例 5　制作木质相框

在 Photoshop 中，我们可以轻松地制作许多漂亮的相框，下面，我们来为照片添加一款木质相框，其效果如下图所示。

⊕**1** 打开本书配套光盘"素材与实例\Ph9"文件夹中的"07.jpg"文件。下面，我们为照片添加一款木质相框。

✛**2** 按 Alt+Shift+Ctrl+N 组合键，新建"图层 1"，然后按 Ctrl+A 组合键全选图像。

✛**3** 选择"选择"→"修改"→"收缩"命令，打开"收缩选区"对话框，在其中设置"收缩量"为 50 像素，然后单击"确定"按钮，将选区向内收缩。

收缩选区

收缩量(C): 50 像素

确定
取消

✛**4** 按 Shift+Ctrl+I 组合键，将选区反选，然后用"棕色"(# c0934d)填充选区，可得到一个边框(此时不取消选区)。

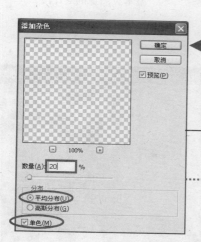

添加杂色

确定
取消
☑预览(P)

─ 100% ＋

数量(A): 20 %

分布
◉ 平均分布(U)
○ 高斯分布(G)
☑ 单色(M)

✛**5** 选择"滤镜"→"杂色"→"添加杂色"命令，打开"添加杂色"对话框，在其中设置"数量"为 20%，然后选中"平均分布"单选按钮和"单色"复选框。

快乐学电脑

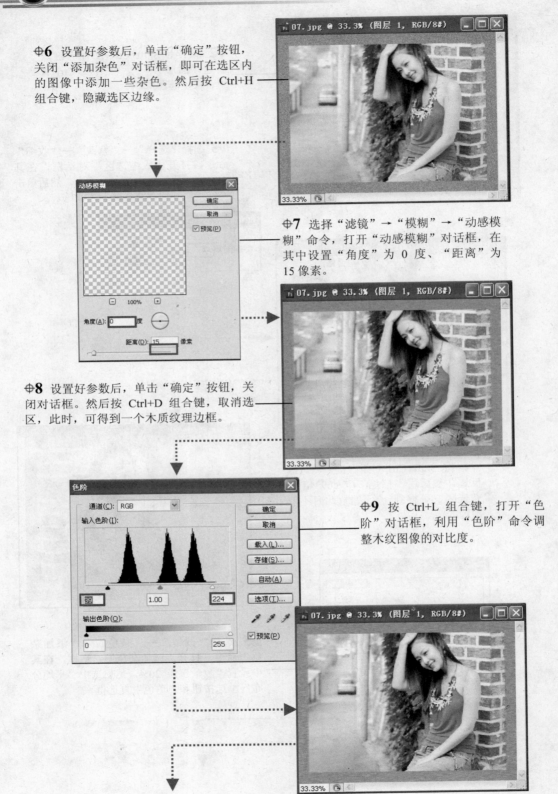

6 设置好参数后，单击"确定"按钮，关闭"添加杂色"对话框，即可在选区内的图像中添加一些杂色。然后按 Ctrl+H 组合键，隐藏选区边缘。

7 选择"滤镜"→"模糊"→"动感模糊"命令，打开"动感模糊"对话框，在其中设置"角度"为 0 度、"距离"为 15 像素。

8 设置好参数后，单击"确定"按钮，关闭对话框。然后按 Ctrl+D 组合键，取消选区，此时，可得到一个木质纹理边框。

9 按 Ctrl+L 组合键，打开"色阶"对话框，利用"色阶"命令调整木纹图像的对比度。

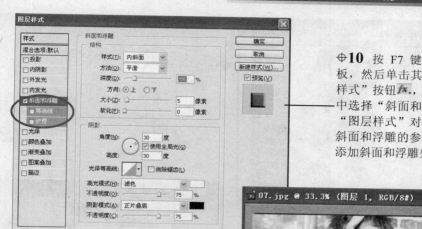

10 按 F7 键，打开"图层"调板，然后单击其底部的"添加图层样式"按钮 *fx.*，从弹出的下拉菜单中选择"斜面和浮雕"命令，打开"图层样式"对话框。在其中设置斜面和浮雕的参数，为"图层 1"添加斜面和浮雕效果。

11 按住 Ctrl 键的同时，在"图层"调板中单击"图层 1"的缩览图，载入该图层的选区。

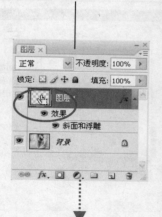

12 选择"选择"→"修改"→"收缩"命令，打开"收缩选区"对话框，在其中设置"收缩量"为 20 像素，然后单击"确定"按钮，将选区向内收缩。

快乐学电脑

⊕**13** 按 Ctrl+J 组合键，将选区内的图像复制为"图层 2"。此时，相框效果呈现在眼前了。

⊕**14** 利用"魔棒工具" ⬚ 在"图层 2"图像的中心空白处单击，将该区域制作成选区。

⊕**15** 打开"图层"调板，在其中单击"图层 1"，并将其设置为当前图层。然后单击调板底部的"创建新的填充或调整图层"按钮 ⬭，从弹出的下拉菜单中选择"曲线"命令，打开"曲线"对话框，利用"曲线"命令调整选区内的图像的亮度。

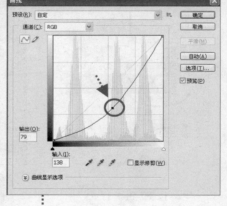

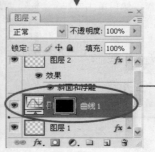

⊕**16** 调整完毕后，单击"确定"按钮，在"图层 1"的上方新建一个曲线调整图层。这样，木质相框就完成了。

实例 6　制作人物油画

　　在 Photoshop 中，我们可以将数码照片处理成油画。在本例中，我们要将一张女孩照片加工成油画，其效果如下图所示。

　⊕1　打开本书配套光盘"素材与实例\Ph9"文件夹中的"12.jpg"文件，下面我们将这张女孩照片加工成油画。

　⊕2　按 F7 键，打开"图层"调板，然后按 Ctrl+J 组合键，将"背景"图层复制为"图层 1"，并将其设置为当前图层。

　⊕3　选择工具箱中的"历史记录艺术画笔工具" ，在其工具属性栏中设置"画笔"为"主直径为 9 像素、边缘带发散效果的笔刷"，并设置"样式"为"绷紧中"，其他选项保持默认。

✛**4** 设置好笔刷的属性后，利用
"历史记录艺术画笔工具" ，在
图像中除人物以外的区域细心地
涂抹，使图像呈现油墨晕染效果。

画笔: 5　模式: 正常　不透明度: 49%　样式: 绷紧中　区域: 50 px　容差: 0%

✛**5** 将"历史记录艺术画笔工具" 的
笔刷直径缩小，并降低笔刷的不透明
度，然后细心地在人物图像上涂抹。

✛**6** 按 Ctrl+J 组合键，将"图层 1"
复制为"图层 1 副本"图层。

图层
正常　不透明度: 100%
锁定: 图 ✐ ✛ 🔒　填充: 100%
　图层 1 副本
　图层 1
　背景

✛**7** 选择"滤镜"→"艺术效果"→"干画笔"命
令，打开"干画笔"对话框，在其中设置"画笔
大小"为 2、"画笔细节"为 7、"纹理"为 2。

⊕**8** 设置好参数后，单击"确定"按钮，关闭"干画笔"对话框，对"图层 1 副本"应用"干画笔"滤镜，加深油墨的晕染程度。

⊕**9** 打开"图层"调板，设置"图层 1 副本"的"不透明度"为 50%。

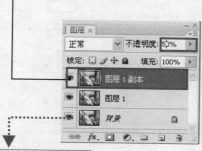

⊕**10** 按 Ctrl+J 组合键，将"图层 1 副本"复制为"图层 1 副本 2"。

⊕**11** 选择"滤镜"→"纹理"→"纹理化"命令，打开"纹理化"对话框，在其中设置"纹理"为"画布"、"缩放"为 88%、"凸现"为 5、"光照"为"左上"，然后单击"确定"按钮，对"图层 1 副本 2"应用"纹理化"滤镜。

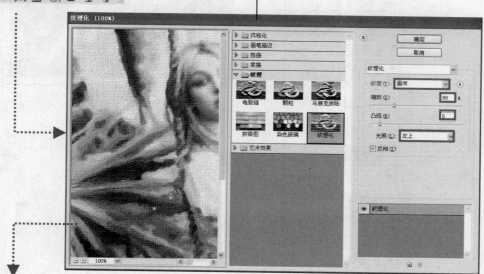

快乐学电脑

⊕**12** 打开"图层"调板，设置"图层 1 副本 2"的"不透明度"为"30%"

⊕**13** 单击"图层"调板底部的"创建新的填充或调整图层"按钮 ◎.，从弹出的下拉菜单中选择"色相/饱和度"选项，打开"色相/饱和度"对话框，调整图像的色彩。

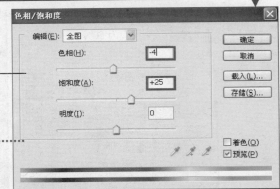

⊕**14** 设置好参数后，单击"确定"按钮，即可在所有图层之上创建一个"色相/饱和度"调整图层。

⊕**15** 按 Alt+Shift+Ctrl+E 组合键，将当前所有可见图层中的内容盖印复制为"图层 2"。

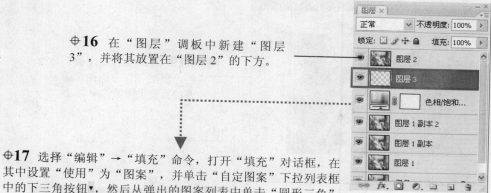

16 在"图层"调板中新建"图层3",并将其放置在"图层2"的下方。

17 选择"编辑"→"填充"命令,打开"填充"对话框,在其中设置"使用"为"图案",并单击"自定图案"下拉列表框中的下三角按钮▼,然后从弹出的图案列表中单击"圆形三角"按钮▶,从弹出的面板菜单中选择"艺术表面"选项,将其加载到图案列表中,再从图案列表中选择"画布"选项,其他参数保持默认。最后单击"确定"按钮,利用画布图案填"图层3"。

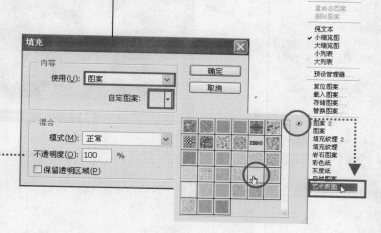

18 利用"色相/饱和度"命令为"图层3"着色。

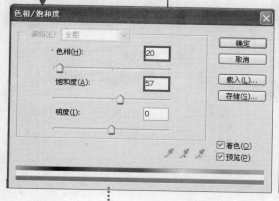

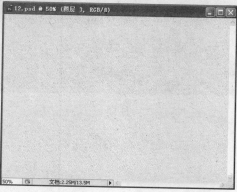

⊕**19** 利用"自由变换"命令将"图层 2"中的图像缩小，并将其置于图像的中央。

⊕**20** 参照实例 5 的方法，为油画添加一个木质画框，对油画进行装裱。这样，一幅漂亮的油画就制作好了。

实例7 轻松打造雪景

利用 Photoshop 可以改变风景照片的天气、季节，下面我们来制作雪景效果照片，其效果如下图所示。

原图

效果图

⊕**1** 打开本书配套光盘"素材与实例 \Ph9"文件夹中的"14.jpg"文件，下 面我们为该照片制作雪景效果。

⊕**2** 选择"窗口"→"通道"命令，打开 "通道"调板，在其中将"绿"通道拖至 调板底部的"创建新通道"按钮上，复 制出"绿副本"通道，并将其设置为当前 通道。

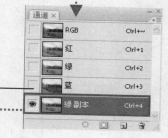

⊕**3** 选择"滤镜"→"艺术效果"→"胶片颗粒"命令，打开"胶片颗粒"对话 框，在其中设置"颗粒"为 2、"高光区域"为 16、"强度"为 5，然后单击 "确定"按钮，对"绿副本"通道应用"胶片颗粒"滤镜。

快　乐　学　电　脑

此时，图像就被蒙上了一层薄薄的白雪

⊕4 在"通道"调板中，单击底部的"将通道作为选区载入"按钮◎，生成"绿副本"通道的选区。

⊕5 在"通道"调板中单击 RGB 通道，返回图像编辑状态。

⊕6 切换到"图层"调板，新建"图层1"，并用白色填充选区，然后取消选区。这样，地面上就覆盖了一层薄雪。

⊕**7** 设置前景色为"黑色",然后为"图层 1"添加图层蒙版,并利用"画笔工具" ☑ 编辑蒙版,将覆盖在天空区域的白雪隐藏。

⊕**8** 如果觉得雪的厚度不够,可以将"图层 1"再复制一份。这样;一幅漂亮的雪景照片就制作好了。

实例8 制作邮票效果

随着 Internet 的普及,人们更多地用 E-mail 来取代普通信件,这使得邮票在人们的生活中的印象越来越淡。下面,我们就利用 Photoshop 为照片制作如下图所示的邮票效果。

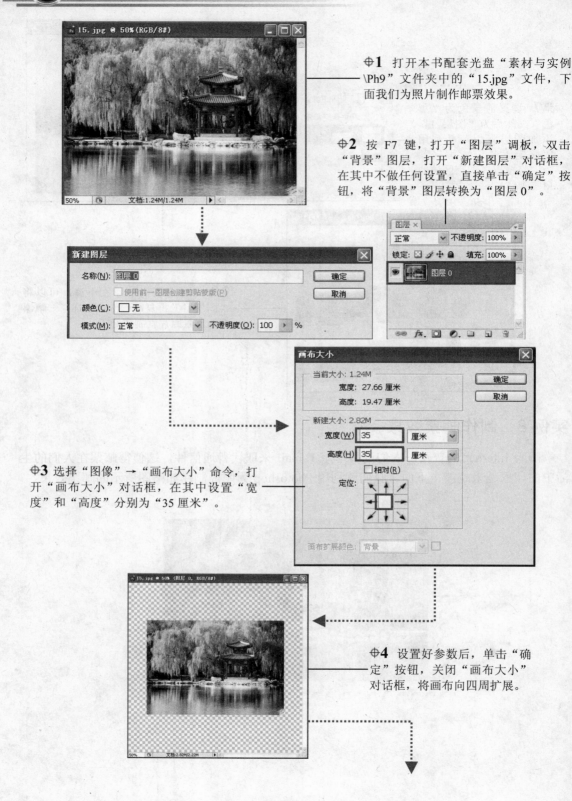

1 打开本书配套光盘"素材与实例\Ph9"文件夹中的"15.jpg"文件,下面我们为照片制作邮票效果。

2 按 F7 键,打开"图层"调板,双击"背景"图层,打开"新建图层"对话框,在其中不做任何设置,直接单击"确定"按钮,将"背景"图层转换为"图层 0"。

3 选择"图像"→"画布大小"命令,打开"画布大小"对话框,在其中设置"宽度"和"高度"分别为"35 厘米"。

4 设置好参数后,单击"确定"按钮,关闭"画布大小"对话框,将画布向四周扩展。

⊕5 打开"图层"调板，新建"图层 1"，并将其放置在"图层 0"的下方，然后用白色填充图像。

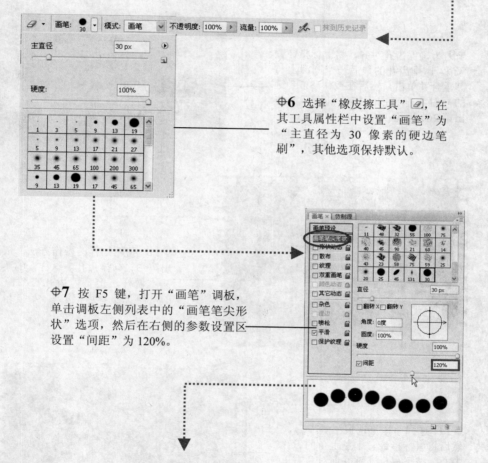

⊕6 选择"橡皮擦工具"，在其工具属性栏中设置"画笔"为"主直径为 30 像素的硬边笔刷"，其他选项保持默认。

⊕7 按 F5 键，打开"画笔"调板，单击调板左侧列表中的"画笔笔尖形状"选项，然后在右侧的参数设置区设置"间距"为 120%。

提示

　　"橡皮擦工具"的笔刷直径大小决定邮标齿孔的直径大小。另外，笔刷直径的大小与所选图像的大小有关，在操作时要根据实际需要来设置。

快乐学电脑

⊕**8** 设置好笔刷的属性后，将"图层 0"设置为当前图层，然后将鼠标指针置于风景图像的左上角，在按住 Shift 键的同时，水平向右拖动鼠标，制作出第 1 排齿孔(释放鼠标和按键)。

⊕**9** 为确保齿孔对齐，将鼠标指针置于第 1 排齿孔的最后一个圆圈上与其重合并单击，然后在按住 Shift 键的同时，垂直向下拖动鼠标，制作出第 2 排齿孔。

⊕**10** 使用同样的操作方法，依次制作出第 3、4 排齿孔。这样，邮票的齿孔基本做好，但是，齿孔与图像是一体的，需要进一步编辑。

⊕**11** 选择"矩形选框工具" ，然后将鼠标指针置于左上角的齿孔中心，按下鼠标左键并向对角右下方的齿孔中心拖动，选取图像。

⊕**12** 按 Shift+Ctrl+I 组合键，将选区反选，并按 Delete 键删除多余的图像，然后按 Ctrl+D 组合键取消选区。

⊕**13** 打开"图层"调板，按住 Ctrl 键的同时，在"图层"调板中单击"图层 0"的缩览图，生成该图层选区。

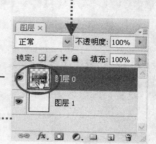

⊕**14** 在"图层 0"的下方新建"图层 2"，然后用白色填充选区，并取消选区。

⊕**15** 为方便预观察邮票效果，下面我们为"图层 2"添加投影样式。

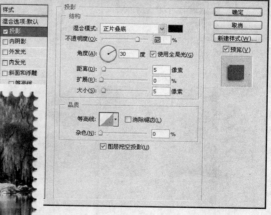

⊕**16** 打开"图层"调板，选中"图层 1"，然后利用"矩形选框工具"选取部分风景图像。

⊕**17** 按 Shift+Ctrl+I 组合键，将选区反选，然后删除选区内的图像，并取消选区。这样，邮票效果就出来了。

⊕**18** 在"图层"调板中，同时选中"图层 0"和"图层 2"，然后选择"移动工具"，在其工具属性栏中依次单击"垂直居中对齐"按钮和"水平居中对齐"按钮，使风景图像居于邮票的中央。

⊕**19** 用"横排文字工具"在图像窗口中输入邮票面值和"中国邮政"字样。这样，一张完整的邮票就制作好了。

实例 9　制作个性书签

在阅读小说的时候，我们经常通过放置书签来标记已阅读的部分，以便下次继续阅读。下面，我们就利用 Photoshop 制作一款个性十足的书签，其效果如下图所示。

1. 制作底纹

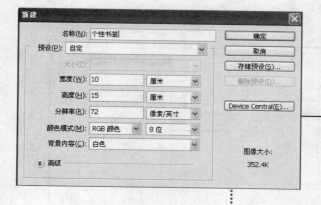

1 按 Ctrl+N 组合键，打开"新建"对话框，在其中设置"名称"为"个性书签"、"宽度"为"10厘米"、"高度"为"15厘米"，"分辨率"为"72 像素/英寸"、"颜色模式"为"RGB 颜色"、"背景内容"为"白色"，然后单击"确定"按钮，新建一个空白文档。

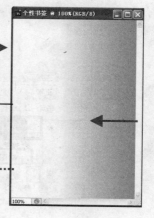

2 设置前景色为"粉红色"（# f66894），背景色为"白色"。在工具箱中选择"渐变工具" ，在其工具属性栏中设置"渐变"为"前景到背景"，并选中"线性渐变"按钮 ，其他选项保持默认，然后利用该工具在图像窗口中绘制线性渐变图案。

快
乐
学
电
脑

⊕**3** 按 F7 键，打开"图层"调板，在其中新建"图层 1"，并用白色填充图像。

⊕**4** 双击"图层 1"打开"图层样式"对话框，在对话框的左侧选中"图案叠加"复选框，在右侧的参数设置区单击"图案"右侧的下三角按钮▼，并从弹出的图案列表中单击"圆形三角"按钮▷，然后从弹出的面板菜单中选择"图案"选项，将其加载到图案列表中，再从中选择"拼贴-平滑"选项，并设置"缩放"为 15%。

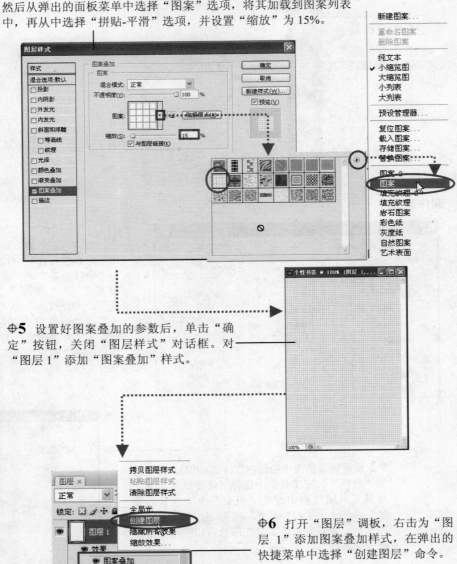

⊕**5** 设置好图案叠加的参数后，单击"确定"按钮，关闭"图层样式"对话框。对"图层 1"添加"图案叠加"样式。

⊕**6** 打开"图层"调板，右击为"图层 1"添加图案叠加样式，在弹出的快捷菜单中选择"创建图层"命令。

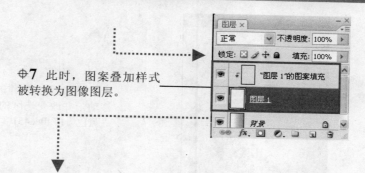

7 此时，图案叠加样式
被转换为图像图层。

提示

将图层样式转换为图层后，我们可以通过绘画、应用命令和滤镜来增强其效果。
但是，我们将不再编辑该图层样式的相关参数。

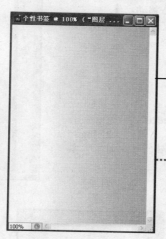

8 将"图层 1"删除，然后将
步骤 7 中生成的图案叠加样式
图层的"混合模式"设置为
"柔光"，这样就得到了一个
带网格的背景。

2. 编辑图像

1 设置前景色为"深粉色"(#
f67187)，并在所有图层之上新建
"图层 1"，然后利用"矩形选
框工具"在图像窗口的左侧绘
制矩形选区，并用前景色填充。

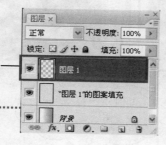

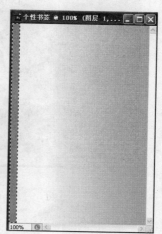

快
乐
学
电
脑

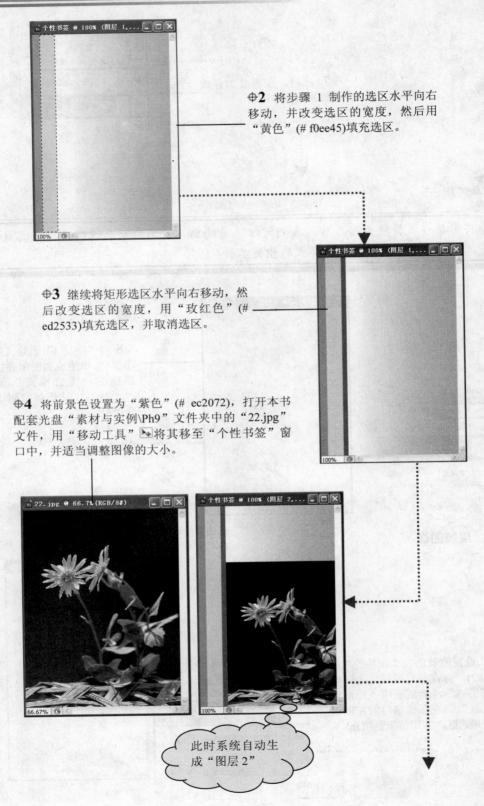

⊕**2** 将步骤 1 制作的选区水平向右
移动，并改变选区的宽度，然后用
"黄色"(# f0ee45)填充选区。

⊕**3** 继续将矩形选区水平向右移动，然
后改变选区的宽度，用"玫红色"(#
ed2533)填充选区，并取消选区。

⊕**4** 将前景色设置为"紫色"(# ec2072)，打开本书
配套光盘"素材与实例\Ph9"文件夹中的"22.jpg"
文件，用"移动工具" 将其移至"个性书签"窗
口中，并适当调整图像的大小。

此时系统自动生
成"图层 2"

⊕**5** 选择"滤镜"→"素描"→"影印"命令，打开"影印"对话框，在其中设置"细节"为2、"暗度"为22。

⊕**6** 设置好参数后，单击"确定"按钮，对"图层 2"应用"影印"滤镜。此时，图像呈现出素描效果。

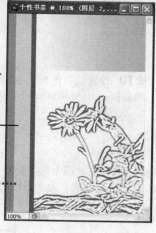

⊕**7** 打开"图层"调板，在其中设置"图层 2"的"混合模式"为"正片叠底"，使其与渐变背景自然地融合。

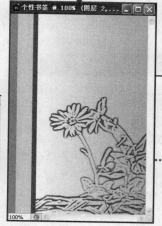

快
乐
学
电
脑

✛**8** 打开本书配套光盘"素材与实例\Ph9"文件夹中的"23.jpg"文件，利用"移动工具" 将其移至"个性书签"文件窗口中，然后将其缩小并适当旋转，置于书签的左上角。

✛**9** 选择"钢笔工具" ，在其工具属性栏中单击"路径"按钮 ，然后利用该工具在人物图像的四周绘制 4 组开放的工作路径，并同时选中 4 组路径。

✛**10** 设置前景色为"品红色"(# cf0a59)，然后按 Alt+Shift+Ctrl+N 组合键，在所有图层之上新建"图层 4"。

✛**11** 选择工具箱中的"画笔工具" ，在其工具属性栏中设置"画笔"为"直径为 2 像素的硬边笔刷"，并在"画笔"调板中取消形状动态参数的设置。

✛**12** 选择"窗口"→"路径"命令，打开"路径"调板，然后单击调板底部的"用画笔描边路径"按钮 ，用"画笔工具" 对 4 组开放路径进行描边，这样就得到一种线形的边框。

单击空白处，可取消路径的显示

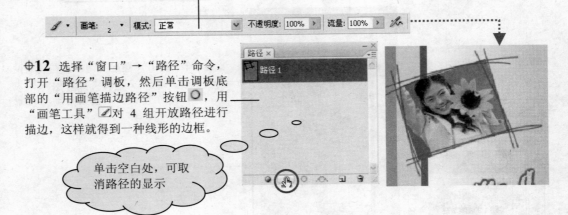

3. 制作文字和装饰图案

⊕**1** 将前景色设置为"浅粉色"(# f8639f)，选择工具箱中的"圆角矩形工具"，在其工具属性栏中单击"形状图层"按钮，然后设置"半径"为 5 px。

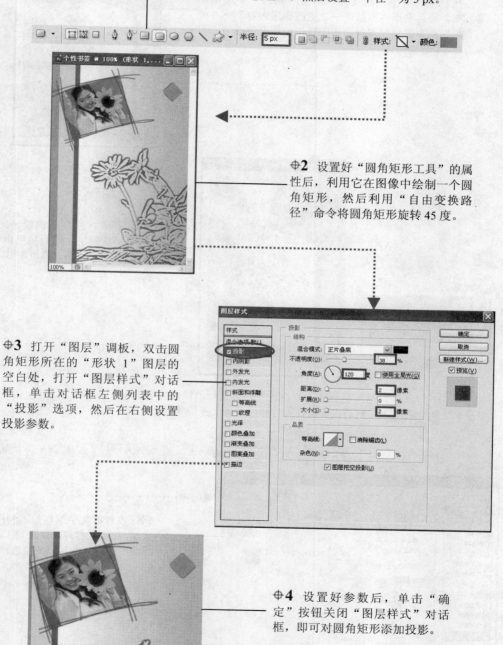

⊕**2** 设置好"圆角矩形工具"的属性后，利用它在图像中绘制一个圆角矩形，然后利用"自由变换路径"命令将圆角矩形旋转 45 度。

⊕**3** 打开"图层"调板，双击圆角矩形所在的"形状 1"图层的空白处，打开"图层样式"对话框，单击对话框左侧列表中的"投影"选项，然后在右侧设置投影参数。

⊕**4** 设置好参数后，单击"确定"按钮关闭"图层样式"对话框，即可对圆角矩形添加投影。

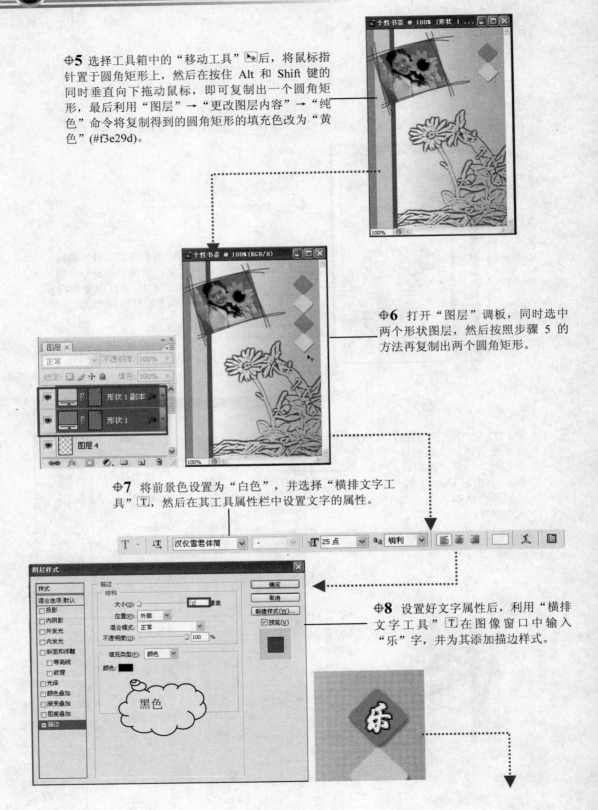

5 选择工具箱中的"移动工具" 后,将鼠标指针置于圆角矩形上,然后在按住 Alt 和 Shift 键的同时垂直向下拖动鼠标,即可复制出一个圆角矩形,最后利用"图层"→"更改图层内容"→"纯色"命令将复制得到的圆角矩形的填充色改为"黄色"(#f3e29d)。

6 打开"图层"调板,同时选中两个形状图层,然后按照步骤 5 的方法再复制出两个圆角矩形。

7 将前景色设置为"白色",并选择"横排文字工具" ,然后在其工具属性栏中设置文字的属性。

8 设置好文字属性后,利用"横排文字工具" 在图像窗口中输入"乐"字,并为其添加描边样式。

黑色

⊕**9** 将"乐"文字图层再复制出 3 份，然后利用"横排文字工具"工更改其文本内容，并将其分别放置在其他 3 个圆角矩形中。

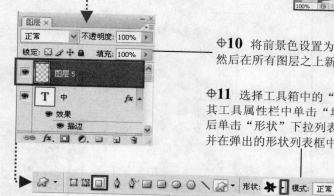

⊕**10** 将前景色设置为"品红色"(# ed1c48)，然后在所有图层之上新建"图层 5"。

⊕**11** 选择工具箱中的"自定形状工具"，在其工具属性栏中单击"填充像素"按钮，然后单击"形状"下拉列表框中的下三角按钮▼，并在弹出的形状列表框中选择"花 1"选项✳。

⊕**12** 设置好"自定形状工具"的属性后，利用它在图像窗口中绘制大小不等、形状各异的花 1 形图案，然后更改前景色为"白色"，并继续用"自定形状工具"绘制一些白色花 1 形图案。

快乐学电脑

4. 绘制吊绳

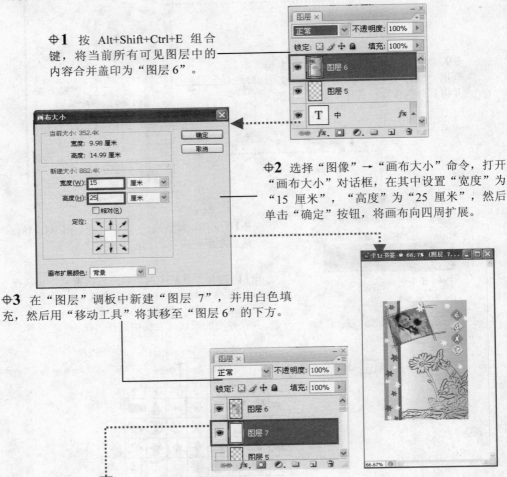

✛**1** 按 Alt+Shift+Ctrl+E 组合键，将当前所有可见图层中的内容合并盖印为"图层 6"。

✛**2** 选择"图像"→"画布大小"命令，打开"画布大小"对话框，在其中设置"宽度"为"15 厘米"，"高度"为"25 厘米"，然后单击"确定"按钮，将画布向四周扩展。

✛**3** 在"图层"调板中新建"图层 7"，并用白色填充，然后用"移动工具"将其移至"图层 6"的下方。

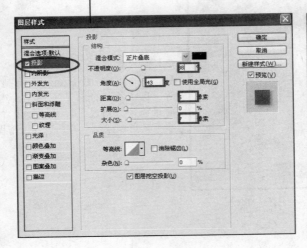

✛**4** 在"图层"调板中，选中"图层 6"，然后为其添加投影样式，以便更好地观察书签的制作效果。

✛**5** 选择并利用"椭圆选框工具" □在书签的右上角绘制一个圆形选区，然后按 Delete 键删除选区内的图像，得到一个圆孔(此时暂不取消选区)。

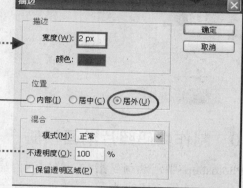

✛**6** 选择"编辑"→"描边"命令，打开"描边"对话框，在其中设置"宽度"为 2 px、"位置"为"居外"、"颜色"为"深红色"(#9f2020)，其他参数保持默认。

✛**7** 设置好参数后，单击"确定"按钮，关闭"描边"对话框，对选区进行描边。然后按 Ctrl+D 组合键，取消选区。

✛**8** 在所有图层之上新建"图层 8"，然后利用"钢笔工具" □在圆孔的右侧绘制两条开放的路径，并将其选中。

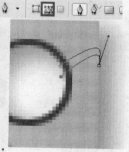

✛**9** 选择"窗口"→"路径"命令，打开"路径"调板，利用它对两条开放的路径进行描边(其属性使用"画笔工具" □的属性，画笔为"主直径为 2 像素的硬边笔刷"，其颜色为"红色"(#fa3c3c))。

快乐学电脑

311

10 利用"钢笔工具" ✎ 再绘制两条开放的路径，并对其进行描边，描边属性的设置参照步骤 9。这样，一个漂亮的个性书签就完成了。

实例 10　制作数码照片动画相册

在 Photoshop 中，动画是指在一段时间内显示的一系列图像或帧，每一帧较前一帧有轻微的变化，当连续而快速地显示这些帧时就会产生运动的错觉。利用 Photoshop 的动画功能，并结合"图层"调板的使用，我们可以将数码照片制作成具有翻页效果的动画相册，其效果如下图所示。

1. 绘制底纹

1 选择工具箱中的"画笔工具" ✎，在其工具属性栏中设置"画笔"为"主直径为 15 像素的硬边笔刷"，其他选项保持默认。

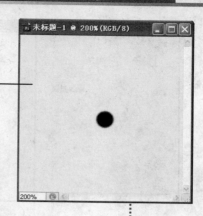

✛2 新建一个"宽度"和"高度"都为"5 厘米"、"分辨率"为"72 像素/英寸"的空白文档，然后利用"画笔工具" ✍ 在图像窗口中单击，绘制一个黑色圆点。

✛3 利用"矩形选框工具" 🔲 框选黑色圆点，然后选择"编辑"→"定义图案"命令，打开"图案名称"对话框，在其中不作任何修改，直接单击"确定"按钮将圆点名称定义为"图案1"。

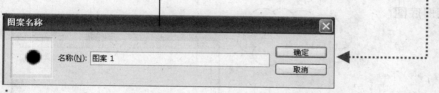

✛4 设置前景色为"黄色"（#f0f693）、背景色为"淡黄色"（# fafcdb）。然后新建一个"宽度"为"30 厘米"、"高度"为"25 厘米"、"分辨率"为"72 像素/英寸"、"颜色模式"为"RGB 颜色"、"背景内容"为"背景色"、名称为"动画相册"的图像文件。

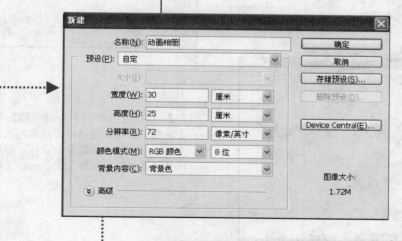

✛5 选择"编辑"→"填充"命令，打开"填充"对话框。在其中设置"使用"为"图案"，单击"自定图案"右侧的下三角按钮，从弹出的图案列表框中选择前面定义的图案，然后设置"模式"为"叠加"，其他参数保持默认。

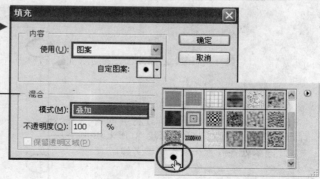

快乐学电脑

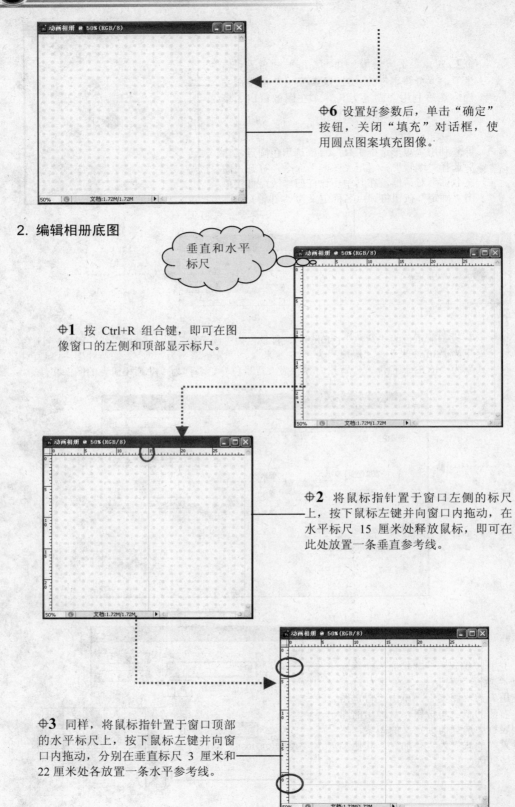

⊕**6** 设置好参数后，单击"确定"按钮，关闭"填充"对话框，使用圆点图案填充图像。

2. 编辑相册底图

垂直和水平标尺

⊕**1** 按 Ctrl+R 组合键，即可在图像窗口的左侧和顶部显示标尺。

⊕**2** 将鼠标指针置于窗口左侧的标尺上，按下鼠标左键并向窗口内拖动，在水平标尺 15 厘米处释放鼠标，即可在此处放置一条垂直参考线。

⊕**3** 同样，将鼠标指针置于窗口顶部的水平标尺上，按下鼠标左键并向窗口内拖动，分别在垂直标尺 3 厘米和22 厘米处各放置一条水平参考线。

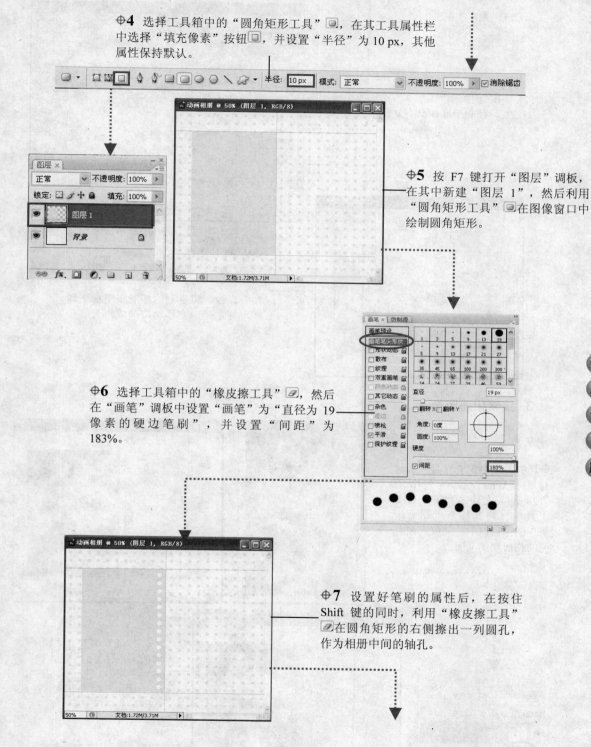

4 选择工具箱中的"圆角矩形工具" ，在其工具属性栏中选择"填充像素"按钮 ，并设置"半径"为 10 px，其他属性保持默认。

5 按 F7 键打开"图层"调板，在其中新建"图层 1"，然后利用"圆角矩形工具" 在图像窗口中绘制圆角矩形。

6 选择工具箱中的"橡皮擦工具" ，然后在"画笔"调板中设置"画笔"为"直径为 19 像素的硬边笔刷"，并设置"间距"为 183%。

7 设置好笔刷的属性后，在按住 Shift 键的同时，利用"橡皮擦工具" 在圆角矩形的右侧擦出一列圆孔，作为相册中间的轴孔。

快乐学电脑

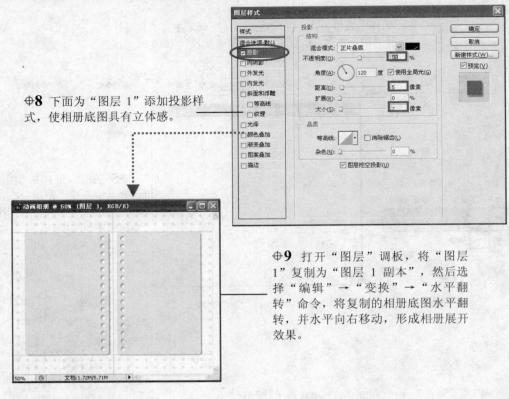

◆**8** 下面为"图层 1"添加投影样式，使相册底图具有立体感。

◆**9** 打开"图层"调板，将"图层 1"复制为"图层 1 副本"，然后选择"编辑"→"变换"→"水平翻转"命令，将复制的相册底图水平翻转，并水平向右移动，形成相册展开效果。

3. 编辑相册图像

◆**1** 打开本书配套光盘"素材与实例 \Ph9 "文件夹中的"24.jpg"文件，利用"移动工具" 将其移至"动画相册"图像窗口中，并放置在右侧的相册底图上面。

◆**2** 按 F7 键打开"图层"调板，按住 Ctrl 键的同时，在"图层"调板中单击"图层 1 副本"的缩览图，生成该图层的选区。

⊕**3** 按 Shift+Ctrl+I 组合键，将选区反选，然后按 Delete 键，删除选区内的人物图像，并取消选区。此时，人物图像与其下面的底图具有相同的尺寸和轴孔。

⊕**4** 打开本书配套光盘"素材与实例\Ph9"文件夹中的"25.jpg"和"26.jpg"文件，利用"移动工具" 分别将它们移至"动画相册"图像窗口中，并分别放置在右侧的相册底图上。

⊕**5** 按照步骤 2～3 的操作方法，编辑步骤 4 中置入的两幅人物图像，使它们的大小与相册底图相同，并制作轴孔。

⊕**6** 打开"图层"调板，同时选中"图层 2"和"图层 3"，然后将其拖至调板底部的"创建新图层"按钮 上，为它们复制出副本图层。

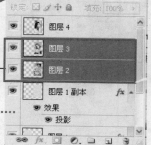

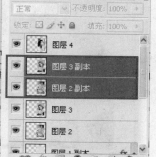

快乐学电脑

317

7 在"图层"调板中，同时选中"图层 2 副本"和"图层 3 副本"图层，然后选择"编辑"→"变换"→"水平翻转"命令，将两个副本图层进行水平翻转，在按住 Shift 键的同时，利用"移动工具" 🔌 分别将翻转后的人物图像水平向左移动，移至左侧的相册底图的上方。

提示

执行步骤 7 的操作目的是：在后面的翻页动画中，翻页后显示背面图像。如果用户的照片较多，可以在背面放置不同的照片，并按照步骤 2～3 的操作方法编辑照片。

4. 制作相册轴与变形照片

1 下面我们来制作相册中间的连接轴。打开"图层"调板，在其中新建"图层 5"，并将其置于所有图层之上。

2 选择工具箱中的"椭圆选框工具" 🔘，并利用它在相册中间轴孔处绘制一个椭圆选区。

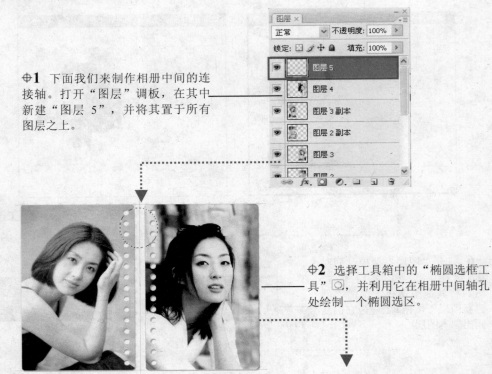

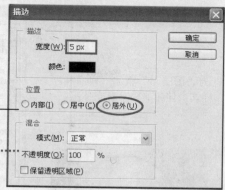

3 选择"编辑"→"描边"命令，打开"描边"对话框，在其中设置"宽度"为 5 px，"颜色"为"黑色"，"位置"为"居外"，其他参数保持默认。

4 设置好参数后，单击"确定"按钮关闭"描边"对话框，利用黑色描边选区，并取消选区。

5 打开"图层"调板，按住 Ctrl 键的同时，在"图层"调板中单击"图层 5"的缩览图，生成该图层的选区。然后将"图层 5"删除，并重新创建一个"图层 5"。

删除图层后又重新创建的目的是：确保删除选区内的图像后边缘没有黑边

6 利用"渐变工具"在选区内绘制灰色(#5b5959)到白色的线性渐变图案，然后按 Ctrl+D 组合键取消选区即可得到一个渐变圆环。

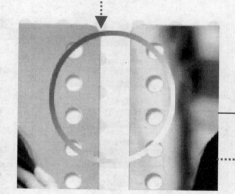

快乐学电脑

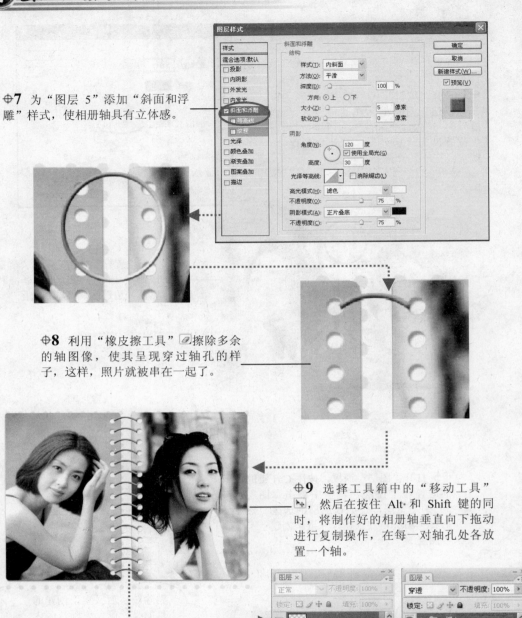

⊕**7** 为"图层 5"添加"斜面和浮雕"样式，使相册轴具有立体感。

⊕**8** 利用"橡皮擦工具" ⊘擦除多余的轴图像，使其呈现穿过轴孔的样子，这样，照片就被串在一起了。

⊕**9** 选择工具箱中的"移动工具" ⊞，然后在按住 Alt· 和 Shift 键的同时，将制作好的相册轴垂直向下拖动进行复制操作，在每一对轴孔处各放置一个轴。

⊕**10** 在"图层"调板中，选中"图层 5"和所有图层 5 副本图层，在按住 Shift 键的同时，单击调板底部的"创建新组"按钮⊡，将选中的图层放置在"组 1"中，以便统一管理这些图层。

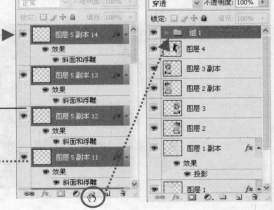

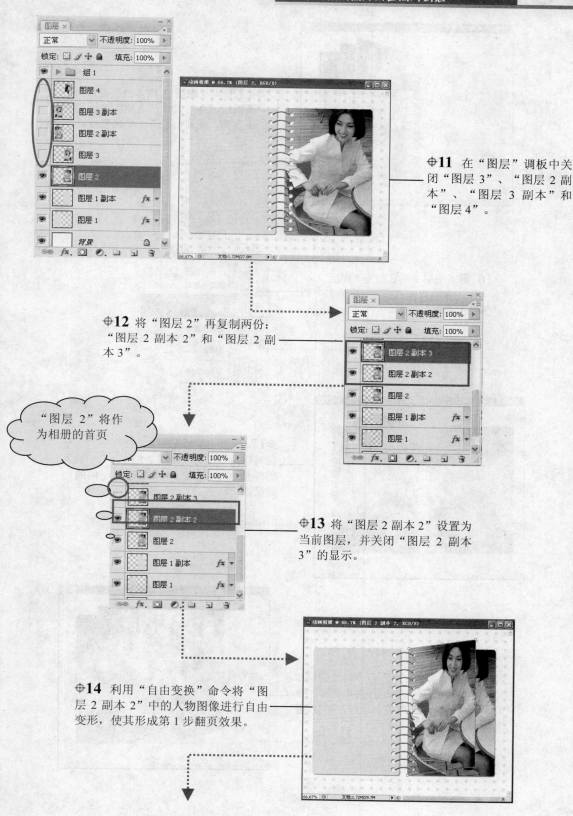

⊕**11** 在"图层"调板中关闭"图层 3"、"图层 2 副本"、"图层 3 副本"和"图层 4"。

⊕**12** 将"图层 2"再复制两份："图层 2 副本 2"和"图层 2 副本 3"。

"图层 2"将作为相册的首页

⊕**13** 将"图层 2 副本 2"设置为当前图层，并关闭"图层 2 副本 3"的显示。

⊕**14** 利用"自由变换"命令将"图层 2 副本 2"中的人物图像进行自由变形，使其形成第 1 步翻页效果。

快乐学电脑

⊕**15** 将"图层 2 副本 3"设置为当前图层，并对其中的人物图像进行自由变形，使其形成第 2 步翻页效果。

⊕**16** 将"图层 2"复制为"图层 2 副本 4"，并放置在"图层 2 副本"和"图层 3 副本"之间。

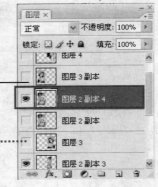

⊕**17** 选择"编辑"→"变换"→"水平翻转"命令，将"图层 2 副本 4"中的人物图像水平翻转，并水平移至左侧的相册底图上。

⊕**18** 利用"自由变换"命令对"图层 2 副本 4"中的人物图像进行自由变形，使其成为第 3 步翻页效果。这样，第 1 幅照片的翻页效果就完成了。

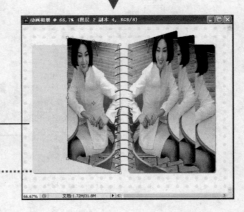

⊕**19** 按照步骤 12～18 的操作方法，将"图层 3"分别复制出 3 份，然后制作出翻页效果。这样，翻页动画所需要的图片便制作好了。

5. 制作动画相册

⊕**1** 按 F7 键，打开"图层"调板，这时我们可以看到在"图层"调板中只显示"背景"、"图层 1"、"图层 1 副本"、"图层 2"和"组 1"。

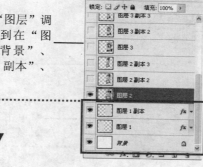

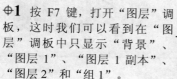提 示

在本例中，"背景"、"图层 1"、"图层 1 副本"和"组 1"图层始终处于显示状态，为避免重复描述，后面的操作步骤中将不再赘述。

⊕**2** 在"图层"调板中，将"图层 2"移到"图层 3"之上。

⊕**3** 选择"窗口"→"动画"命令，打开"动画(帧)"调板，从中可看到系统自动创建的第 1 帧动画，该动画帧中将显示当前"图层"调板中所设置的内容。

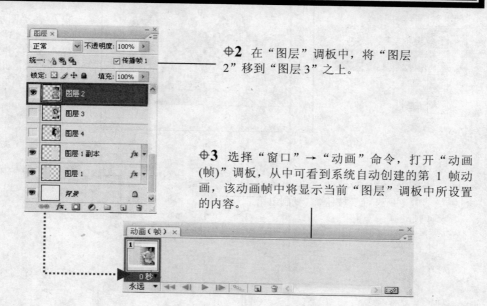

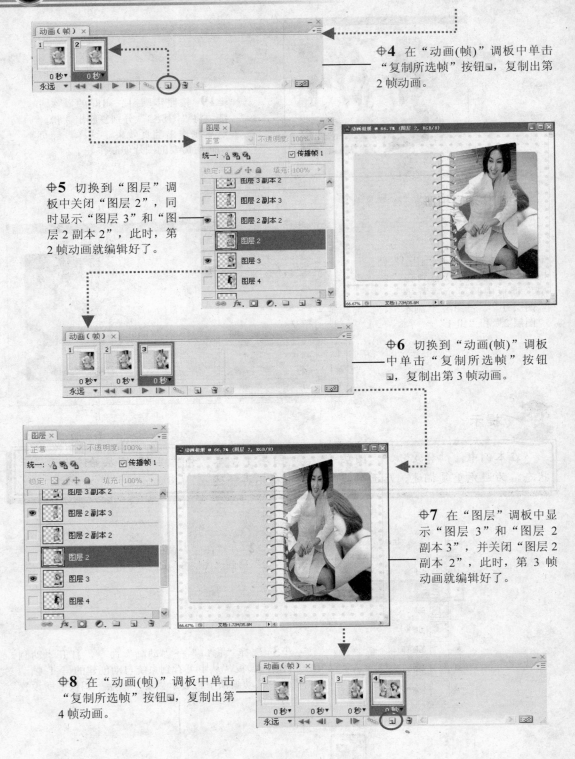

⊕**4** 在"动画(帧)"调板中单击"复制所选帧"按钮，复制出第2帧动画。

⊕**5** 切换到"图层"调板中关闭"图层2"，同时显示"图层3"和"图层2副本2"，此时，第2帧动画就编辑好了。

⊕**6** 切换到"动画(帧)"调板中单击"复制所选帧"按钮，复制出第3帧动画。

⊕**7** 在"图层"调板中显示"图层3"和"图层2副本3"，并关闭"图层2副本2"，此时，第3帧动画就编辑好了。

⊕**8** 在"动画(帧)"调板中单击"复制所选帧"按钮，复制出第4帧动画。

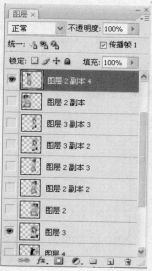

⊕9 在"图层"调板中显示"图层 3"和"图层 2 副本 4",并关闭"图层 2 副本 3",此时,第 4 帧动画就编辑好了。

⊕10 在"动画(帧)"调板中单击"复制所选帧"按钮,复制出第 5 帧动画。

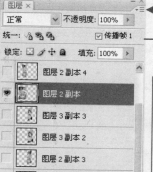

⊕11 在"图层"调板中显示"图层 3"和"图层 2 副本",并关闭"图层 2 副本 4",此时,第 5 帧动画就编辑好了。

⊕12 在"动画(帧)"调板中单击"复制所选帧"按钮,复制出第 6 帧动画。

快乐学电脑

13 在"图层"调板中显示"图层 4"、"图层 3 副本 2"和"图层 2 副本",并关闭"图层 3",此时,第 6 帧动画就编辑好了。

14 在"动画(帧)"调板中单击"复制所选帧"按钮，复制出第 7 帧动画。

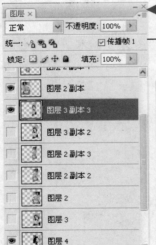

15 在"图层"调板中显示"图层 4"、"图层 3 副本 3"和"图层 2 副本",并关闭"图层 3 副本 2",此时,第 7 帧动画就编辑好了。

16 在"动画(帧)"调板中单击"复制所选帧"按钮，复制出第 8 帧动画。

⊕**17** 在"图层"调板中显示"图层 4"、"图层 3 副本 4"和"图层 2 副本",并关闭"图层 3 副本 3",此时,第 8 帧动画就编辑好了。

⊕**18** 在"动画(帧)"调板中单击"复制所选帧"按钮,复制出第 9 帧动画。

⊕**19** 在"图层"调板中显示"图层 4"、"图层 3 副本"和"图层 2 副本",并关闭"图层 3 副本 4",此时,第 9 帧动画就编辑好了。

⊕**20** 在按住 Shift 键的同时，单击"动画(帧)"调板中的第 1 帧动画，选中所有的动画帧。然后单击动画帧右下角的下三角按钮▾，从弹出的下拉菜单中选择"0.2 秒"选项，将所有动画帧的延时设置为 0.2 秒。

⊕**21** 单击"一次"右侧的下三角按钮▾，从弹出的下拉菜单中选择"一次"命令，将动画播放的次数设置为一次。这样，整个翻页动画就编辑好了。

⊕**22** 在"动画(帧)"调板中，单击"播放动画"按钮▶播放动画，查看动画效果。

播放动画时，"播放动画"按钮▶将转变为"停止动画"按钮■，单击它可停止播放动画

⊕**23** 如果对编辑的动画效果满意，可以选择"文件"→"存储为 Web 和设备所用格式"命令，打开"存储为 Web 和设备所用格式"对话框，在其中设置相关参数。

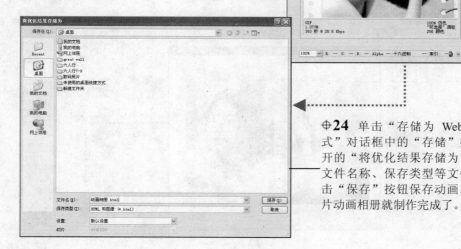

⊕**24** 单击"存储为 Web 和设备所用格式"对话框中的"存储"按钮，在随后打开的"将优化结果存储为"对话框中设置文件名称、保存类型等文件属性，然后单击"保存"按钮保存动画。至此，数码照片动画相册就制作完成了。

读者回执卡

欢迎您立即填妥回函

您好！感谢您购买本书，请您抽出宝贵的时间填写这份回执卡，并将此页剪下寄回我公司读者服务部。我们会在以后的工作中充分考虑您的意见和建议，并将您的信息加入公司的客户档案中，以便向您提供全程的一体化服务。您享有的权益：

★ 免费获得我公司的新书资料；
★ 寻求解答阅读中遇到的问题；

★ 免费参加我公司组织的技术交流会及讲座；
★ 可参加不定期的促销活动，免费获取赠品；

读者基本资料

姓　　名 ＿＿＿＿＿＿＿＿＿	性　别 □男　□女	年　龄 ＿＿＿＿＿＿
电　　话 ＿＿＿＿＿＿＿＿＿	职　业 ＿＿＿＿＿＿	文化程度 ＿＿＿＿＿
E-mail ＿＿＿＿＿＿＿＿＿	邮　编 ＿＿＿＿＿＿	
通讯地址 ＿＿＿＿＿＿＿＿＿＿＿＿＿＿＿＿＿＿＿＿＿＿＿＿		

请在您认可处打√ （6至10题可多选）

、您购买的图书名称是什么：＿＿＿＿＿＿＿＿＿＿＿＿＿＿＿＿＿＿＿＿＿＿
、您在何处购买的此书：＿＿＿＿＿＿＿＿＿＿＿＿＿＿＿＿＿＿＿＿＿＿

、您对电脑的掌握程度：	□不懂	□基本掌握	□熟练应用	□精通某一领域
、您学习此书的主要目的是：	□工作需要	□个人爱好	□获得证书	
、您希望通过学习达到何种程度：	□基本掌握	□熟练应用	□专业水平	
、您想学习的其他电脑知识有：	□电脑入门	□操作系统	□办公软件	□多媒体设计
	□编程知识	□图像设计	□网页设计	□互联网知识
、影响您购买图书的因素：	□书名	□作者	□出版机构	□印刷、装帧质量
	□内容简介	□网络宣传	□图书定价	□书店宣传
	□封面、插图及版式	□知名作家（学者）的推荐或书评		□其他
、您比较喜欢哪些形式的学习方式：	□看图书	□上网学习	□用教学光盘	□参加培训班
、您可以接受的图书的价格是：	□ 20 元以内	□ 30 元以内	□ 50 元以内	□ 100 元以内
）您从何处获知本公司产品信息：	□报纸、杂志	□广播、电视	□同事或朋友推荐	□网站
、您对本书的满意度：	□很满意	□较满意	□一般	□不满意
²、您对我们的建议：	＿＿＿＿＿＿＿＿＿＿			

请剪下本页填写清楚，放入信封寄回，谢谢

1	0	0	0	8	4

贴　邮
票　处

北京100084—157信箱

读者服务部　　　　　　　收

邮政编码： □□□□□□

技术支持与课件下载：http://www.tup.com.cn   http://www.wenyuan.com.cn

读 者 服 务 邮 箱：service@wenyuan.com.cn

邮 购 电 话：(010)-62791864   (010)-62791865   (010)-62792097-220

组 稿 编 辑：章忆文

投 稿 电 话：(010)-62770604

投 稿 邮 箱：bjyiwen@263.net